……行学院规划教材

Introduction to Public Art

公共艺术概论（第2版）

王中 著

北京大学出版社
PEKING UNIVERSITY PRESS

图书在版编目（CIP）数据

公共艺术概论／王中著 . —2 版 . —北京：北京大学出版社，2014.8
（中央美术学院规划教材）

ISBN 978-7-301-24389-3

Ⅰ.①公…　Ⅱ.①王…　Ⅲ.①城市-景观-环境设计-高等学校-教材　Ⅳ.①TU-856

中国版本图书馆 CIP 数据核字（2014）第 129916 号

| 书　　　　名：公共艺术概论（第 2 版） |
| 著 作 责 任 者：王　中 著 |

书　　　　名：公共艺术概论（第 2 版）

著 作 责 任 者：王　中 著

责 任 编 辑：谭　燕

书 籍 设 计：迟　颖

标 准 书 号：ISBN 978-7-301-24389-3/J·0595

出 版 发 行：北京大学出版社

地　　　　址：北京市海淀区成府路 205 号　100871

网　　　　址：http://www.pup.cn　电子信箱：pkuwsz@yahoo.com.cn

新 浪 微 博：@北京大学出版社

电　　　　话：邮购部 62752015　发行部 62750672　出版部 62754962　编辑部 62752025

印 刷 者：北京中科印刷有限公司

经 销 者：新华书店

　　　　　　720mm×1020mm　16 开本　26.75 印张　471 千字

　　　　　　2007 年 12 月第 1 版

　　　　　　2014 年 8 月第 2 版　2020 年 12 月第 4 次印刷

定　　　　价：145.00 元

目 录

总序   8

前言   10

引言   13

第一章 一场无始无终的叙事

第一节 十字路口的孤独——公共艺术的困惑   19

第二节 哲学眺望——永恒批判与公共空间   20

第三节 公共艺术的定义   22

第四节 公共艺术研究的范围与作用   27

第二章 隐藏的历史

第一节 遗存的记忆   41

第二节 被礼赞的城市   44

第三节 繁华的背后   45

第四节 精神的迷失   48

第三章 公共的第一张脸	第一节 市民社会与公共领域的起源	54
	第二节 市民社会的分离	55
	第三节 公共领域的流变	56
	第四节 市民社会与公共领域的新内涵	58
	第五节 大师之争与公共领域批判	60

第四章 艺术的最后一张脸	第一节 美术的转世	67
	第二节 波伊斯之死与大众复活	71
	第三节 工业社会催生后现代主义文化	73
	第四节 走向大众的当代艺术	74
	第五节 挑战公众视觉	76

第五章 公共的公共艺术	第一节 城市公共艺术溯源	101
	第二节 城市公共艺术的发展	105
	第三节 费城——公共艺术的策源地	146
	第四节 洛杉矶——公共艺术的新视野	156
	第五节 旧金山——公共艺术之都	170
	第六节 西雅图——公众的公共艺术	179
	第七节 巴塞罗那——公共艺术引导城市再开发	189
	第八节 悉尼——都市村庄	200
	第九节 墨尔本——文化都市的创新与可持续	234

第六章
——公共艺术的实践与模式
那些晶莹的碎片

第一节　从天而降的艺术"品"　　　　255

第二节　新"装饰"主义　　　　259

第三节　纪念的空间场　　　　262

第四节　艺术营造"场所"　　　　281

第五节　历史的显影　　　　290

第六节　艺术营造空间　　　　306

第七节　社区活力的催化剂　　　　332

第八节　公共艺术计划　　　　341

第九节　艺术设施　　　　346

第十节　流动的记忆　　　　350

第十一节　公共艺术的冲突　　　　358

第七章 中国公共艺术的死与生

第一节 被误读的公共艺术 363

第二节 从科系设置看公共艺术教学 365

第三节 成长中的中国公共艺术 368

第四节 "城市复兴"运动与公共艺术的发展 381

第五节 城市公共艺术实践 387

注释 421

参考书目 423

后记 426

第2版后记 428

总序

教材建设是高等艺术教育最重要的学术内容之一。

教材作为教学过程中传授课程内容、掌握知识要领的文本依据，具有延续经验传统和重构知识体系的双重使命。艺术教育的基本规律决定了它具有结构开放、风格差异、强调直观、类型多样等多种特性，是一种严肃而艰难的专业建设。尽管如此，规划和编撰一套高起点、高标准、高质量的专业教材，仍然是中央美术学院长期以来始终不渝的工作目标。

我国的美术教育正在经历一场深刻的变化。传统的现实主义造型艺术教育正在逐渐向覆盖美术、设计、建筑、新媒体等多学科的综合型"大美术"教育转换；原来学院相对封闭、单一的学术环境正在转变为开放、多元、国际化的学术平台；一段时间内以对西方文化引进、吸收和消化为主的文化建设也在转变为具有明显主体意识特征的积极的文化建设。在这样的转变中，中央美术学院原有的教学经验与传统经受了考验和变革，原有的学科体系有了更全面、更理性的发展，原有的教学用书已不能适应新的教学需要，及时地总结和编撰新的规划教材，已成为当务之急。

中央美术学院作为中国美术教育最高学府，建校以来始终坚持积极应对社会发展与文化建设需要、创建新中国最高成就的美术教育事业的办学方针，坚持高标准、高质量的人才培养目标。本次教材编写，在原有教学传统的基础上，吸收了最新的教学改革成果，力求反映新的时代条件下人才培养的目标与要求，反映"大美术"教育的学科系统性、发展性。根据美术院校教学用书类型多样、层次丰富和风格差异的特征，本套教材分为理论类、技术类与（工作室）教学法三个系列。理论类教材主要汇集美院各院系开设的概论、艺术史与专业史、创作理论与方法等基础理论课程的教学内容；技法类教材主要汇集各专业的基础技法与创作技能训练内容；（工作室）教学法则以各专业工作室为单元，总结不同专业、不同艺术风格的工作室教学体系与创作方法，集中体现美院工作室教学体系下的优良教学传统与改革探索。

这套规划教材计划近百种，将在今后五年内陆续完成。但是，在任何情况下，我们都不应忘记，教材的完成只是一种过程的记录，它只意味着一种改革与尝试的开始而不是终结。当代教育家怀特海（Alfred North Whitehead）曾说："教育只有一种教材，那就是生活的一切方面。"（《现代西方资产阶级教育思想流派论著选》，人民教育出版社 1980 年版，第 116 页）关联着社会发展和改革实践的艺术生活永远是最生动、有效的教材，追求这种实践的持续和完美，才是我们真正长久的教材建设目标。

中央美术学院院长、教授

2007 年 5 月

前言

　　我国的城市建设在改革开放二十多年建设成果的基础上，正在步入注重自然与人文和谐，诉求差异和特色，全面塑造城市文化形象的新阶段。城市建设从规模走向质量的转型带来了城市设计与建设的新课题。以奥运为契机的城市再开发给北京的城市建设带来了机遇与挑战，显而易见，新北京的建设模式不仅代表着国家意识，而且影响着中国整体的城市建设理念，她的"城市形象"反映着国家战略与形象，这是历史赋予2008年前后北京城市建设的重任，也是全国文化建设的新课题。

　　自上世纪80年代以来，随着我国改革开放基本国策的全面实施，我国的城市化进程加速，取得了令人瞩目的成就。然而就总体城市化水平而言，我国目前的城市化水平尚不足40%，与发达国家城市化水平70%左右相比，还有广阔的发展空间。随着我国经济的持续增长，可以肯定的是在21世纪的上半叶，世界上规模最大的城市化进程将集中在中国内地，一个全国范围内通向城市化的趋势全面展开，可以说，作为全球城市化进程的主角——中国正经历一个城市化的"大跃进"时期。

　　然而"大跃进"是一把双刃剑，要在几十年内完成几个世纪的进化过程，我们的城市结构、空间形态、社区营造、生态环境以及历史文化的保护与发展等诸多方面必然面临各种亟待解决的课题。当今城市问题对于中国显得尤为重要，空前高速发展的城市建设抹杀了许多城市的独立品格，而这种独立品格恰恰是与其特有的都市文化息息相关的。

"公共艺术"概念最初被引入我国是在 20 世纪 90 年代初，以城市雕塑和壁画为主要形式出现在城市空间，这与中国城市建设的飞速发展带来的城市"文化装饰"的"快餐"需求有关，并在全国范围内掀起了轰轰烈烈的城市雕塑运动。

　　1995 年后我国"公共艺术"的称谓开始以"城市雕塑与公共艺术"的概念启用，虽然该时期艺术院校和专业人士开始谈及和关注公共艺术的概念，但也只是把公共艺术理解为城市环境的"美化"和"填充"，并没有进入到国际文化视野和学术层面上进行广泛的研究。随着国际交流的增加，"公共艺术"开始作为一个独立的概念使用，当"公共艺术"（Public Art）一词席卷大江南北，成为一个专有名词时，我们开始认识到"公共艺术"所代表的不只是一个共同认知的文化概念，更是一种当代文化现象。

　　城市公共艺术的建设，是一种精神投射下的社会行为，不仅仅是物理空间的城市公共空间艺术品的简单建设，最终的目的也不是那些物质形态，而是为了满足城市人群的行为和精神需求，给人们心目中留存城市文化意象。它是渗透到人们日常生活的路径与场景，通过物化的精神场和一种动态的精神意象引导人们怎么看待自己的城市和生活。

　　公共艺术在营造新的城市公共空间与环境景观的同时，也用多种手段创造着城市的新文化，使人文精神包围我们的生活，这种城市文化的精神场甚至可以成为城市风格的助推器。

　　当代公共艺术在形态上呈现出动态发展的特征。由于当代艺术的多样性及人与人交流空间的转变，例如新的信息传播方式、多媒体艺术、网络空间的存在，使公共艺术的形式和载体更加丰富多元。相较于将传统的公共艺术以"品"的方式静态设置在城市的公共空间，当代公共艺术更重视其文化属性，强调"生长"的过程。因此，公共艺术就不仅是城市雕塑、壁画和城市公共空间中物化的构筑体，它还是事件、展演、互动、计划或诱发文化"生长"的城市文化的起搏器。

因此，当我们仅仅局限在公共艺术职能范围进行讨论时，更多地是把它界定在一个较为宽泛的专业领域，而没有对"公共艺术"的"公共性"展开更多的解读，"公共艺术"的公共性价值在我国还没有得到广泛的认知和发掘。"公共艺术"在中国城市化进程中只是被当作改变城市局部空间的"文化快餐"，更多地是被强制置入大众感官经验和日常生活的物件符号，城市居民往往成为被动审美的客体，这些都背离了公共艺术"公共性"的本体原则。

实际上，作为一种文化现象的公共艺术代表了艺术与城市、艺术与大众、艺术与社会关系的一种新的取向。

诚然，对公共艺术的解读是非常繁杂的，由于以"公共"作为前缀，它必然涉及哲学观念、社会价值、城市形象、都市文化、艺术观念、产业经济等诸多问题。即使从"Public Art"一词直译而来的"公共艺术"，所代表的也不只是一个约定俗成的文化概念或流派，而是更多地指向一个由西方福利国家发展演进的、强调艺术的公益性和文化福利、通过国家和城市权力以及立法机制建置而产生的具有强制特征的文化政策。

伴随着现代绘画、雕塑和现代建筑以及当代公共空间的发展和转型所带来的城市文化新需求，"公共艺术"成为当代城市文化的载体。但是，对"公共艺术"概念和涉及范围的界定，在西方也有各种不同的解读，本书无意陷入这些学术问题的争论，而是希望对"公共艺术"涉及的历史、哲学、当代文化现象和公共艺术的发展趋向，欧美国家"公共艺术"政策法规及实践等方面作些梳理和研究，希望借此看清当今"公共艺术"发展的整体轮廓，为我国的城市"公共艺术"建设和"公共艺术"教育寻找可能的发展方向，也希望给读者带来一些启发和思考。

无论从建筑、都市规划，或是艺术的角度来看，时代正逐渐将注意力转向公共艺术。

——南条史生

今天的中国进入了一个由"和谐"构筑的大文化语境，和谐是中国传统文化中高层次语言体系的概括，是东方思想世界中多元共存和混沌学的简写，是一种微笑的哲学，笑看一切：那些看似对立的各文化流脉可以在这里安全地共存。今日的公共艺术也应该在这样一个背景下得到融合，并通过多重传播途径造福大众。这个大语言——"和谐"的提出，使中国回到重塑文明的时态中。

中国文化以及东方精神向来重视人与自然的和谐共存，然而，在片面地追求经济指标与物质文明的过程中，我们逐渐淡忘了这宝贵的文化精髓。因此，对于城市中蕴含的文化的注视是我们当下一个紧迫的任务。

2004年哈佛大学的一项研究报告成果得出的核心结论是这样表述的："世界经济发展的重心正在向文化积累厚重的城市转移。"

如果说工业化城市建设的核心目标是"经济"的话，未来城市建设的核心目标就可以说是"文化"。那么未来的城市文化将如何体现呢？在物质文明高度发达的今天，艺术与人们的生活越来越密切，艺术已全面进入日常社会

巴黎拉德芳斯新区坐落在凯旋门星形广场的轴线延长线上，连接着城市的历史与未来。

生活，或者说公共生活逐渐走向艺术化。城市是人们的共居场所，是一个大的公共环境，"公共艺术"将"公共"、"大众"与"艺术"结合成特殊的领域，就是为了给人们创造艺术化的生存环境。也就是说，走向"公共"的"艺术"将为城市的文化发展带来新的视野。

既然文化与城市是息息相关的，那么，文化就是创造和谐的原动力。公共艺术是城市文化建设的重要组成部分，是城市文化最直观、最鲜明的载体，它可以连接城市的历史与未来，增加城市的记忆，讲述城市的故事，满足城市人群的行为需求，创造新的城市文化传统，展示城市的友善表情。

城市公共艺术建设的最终目的是为了满足城市人群的行为需求，给人们心目中留下一个城市文化的意象。依靠公共艺术可以使城市成为更加多元、立体、个性化和艺术化的综合构成体。

2000年春节北京地坛庙会上意大利艺术家的光雕作品成为节日文化的一部分。

柏林将被战火摧残的教堂保留，并在旁边建设新教堂以警示世人。（右图）

文化的积淀是建立在城市自然增长的基础上的，如何在当下人为地促进城市化的进程中注入文化的灵魂，恢复城市历史的记忆，建立城市的人文与场域精神，营造宜居、艺术的生存环境，成为我们最重要的努力方向。由此可见，城市文化才是城市可持续发展的核心问题之一。可以说，中国的城市化进程在经历了近30年"大跃进"式的高速建设后的一个显著特征就是城市建设将从规模向质量转型，城市的文化水平和文化氛围将是评价一个城市的重要依据。

我国的城市设计理念严重滞后于城市化进程的发展速度。我们不得不面对这样的问题：经济充满活力是否就是健康的城市？城市规划是否等同于城市设计？我们反复思索一个问题——"公共艺术"在我国应以什么样的姿态介入城市系统，并通过这种艺术化空间的营造影响城市的人文体系建构，进而影响人们的行为方式？

面对这些问题，可以想见，我国的"公共艺术"必将经历一系列创造性革命，新时期城市环境需求将带来全新的城市文化需求，城市自身开始将艺术和美作为目标。"艺术营

柏林波斯坦中心的城市景观

造城市空间"呼之欲出，令城市焕发生机和活力，提高城市的美誉度，也激发人们更加热爱自己的城市和社区。种种这些需求使得公共艺术不得不从一个单纯的艺术领域中飞越出来，"美的城市建设成了当前城市文艺复兴的主题，并且城市建设由硬件时代逐步过渡到了软件时代"[1]。

这标志着在城市建设中，艺术家、雕塑家、景观设计师以及建筑师的作用更大了，他们必须从各自单体的作品向城市的整体范围发展，也意味着人类城市发展史上的伟大回归，即把城市作为一个视觉整体，并使之成为城市形象的发展战略。许多历史上的文化名城所营造出的城市景观，均反映出城市形态整体性的特征。

以艺术手段重塑城市尊严，讲述城市动人故事不仅仅是一个口号，更代表着国家和城市的形象，体现着国家意识。

"公共艺术"除了具有扩大了的艺术价值外，其更重要的文化价值在于它的"公共性"，包含以艺术的介入改变公众价值，以艺术为媒介建构或反省人与环境的新关系。这种建构或反省超越了提供简单的符号性格和教化功能，关键的是经由人、公共艺术、环境、时间的接触和遇合，批判、质疑或提出新的文化价值与思考。

由于当代艺术的多样性及人与人交流空间的转变，例如公共艺术的形式和载体更加丰富多元，当代公共艺术更重视其文化属性，强调"发生"的过程。因此，公共艺术就不仅是城市空间中的物化的构筑体，它还是事件、展演、计划或诱发文化艺术的载体。

艺术该有怎样的发展？这一20世纪初摆在现代艺术家面前的课题，又重新摆在了当代艺术家面前。对传统艺术的反叛与继承，对生活的融合，对客观世界和人类生存发展的思考，对艺术媒介的广泛试验和探索都反映在一种新的艺术理念上——将公共、大众与艺术融合在一起的公共艺术理念。艺术开始走向大众、走向生活、走向社会。可以说，公共艺术代表了艺术与城市、艺术与大众、艺术与社会关系的一种新的取向。

第一章 一场无始无终的叙事

我们身陷重围……在都市，在横竖纵横的标语前站定，标语上依稀的字迹显示着昨天的时代口号……

在人流往来的十字路口阅读历史，并试图将这些传世的精神复写在每个街头……

我们在为大众呐喊，但我们的声音是否代表了滚滚人潮？

数千年的文明是我们前进的车轮还是我们前进的困惑？

我们在创造城市还是在颠覆城市？

城市创造文明还是文明创造城市？

公共艺术是艺术发展的趋势还是人类生存方式的需求？

在"艺术"的前面安放了"公共"作为前缀，"公共艺术"就不仅是艺术的问题，"公共性"才是其发生的前提，更牵涉到哲学观念、社会价值、城市形象、都市文化、产业经济等诸多问题。

这是我们的自豪和尴尬。一般而言，从事公共艺术的人都是经过某种和美学有关的训练的"专家"，是具备某种学养的精英，同时也是精英话语的传播者，而公共艺术的大众服务功能和对大众意识的开采，又让他们不得不怀有一种平民心态，而大众意识中的平庸部分又和自己所怀有的学术理念对抗，这构成公共艺术的思索痛苦。

当"公共艺术"（Public Art）一词成为一个专有名词时，其所代表的也不只是一个约定俗成的文化概念或流派，更是一种当代文化现象，是一个由西方发达国家兴起的、强调艺术的公益性和文化福利、通过国家和城市权力和立法机关建置而产生的文化政策。费城现代艺术协会主席卡登（Janet Kardon）说："'公共艺术'不是一种风格或运动，而是一种联结社会服务为基础，藉由公共空间中艺术作品的存在，使得公众福利被强化。"[2]因此，如果我们仅局限在艺术领域来讨论公共艺术的职能范围，就会更多地把它界定在一个较为宽泛的专业领域，却没有对公共艺术的"公共性"和它的社会思想背景展开更多的解读。而"公共性"首先应是哲学的解读，这意味着"公共艺术"的概念本身就是一种无止无休的阐释，同时也是一个可持续发展的概念。

从艺术史的角度来看，"公共艺术"是后现代主义呈现的文化现象。从现代到后现代，社会理论的发展对美学领域形成了颠覆性的革命，并改变了我们的思想方法、行为方式，甚至日常生活的方方面面。而这种发展恰恰是建立在批判的基础之上，同时批判就发生在公共空间。这种公共空间在很大程度上就是市民社会理论中的公共领域，这种公共领域正如哈贝马斯所言，"说到底就是公众舆论领域"。而公众舆论领域又离不开批判。

其实早在古希腊城邦国家的公共领域萌芽阶段，批判就成为理性思考的表现方式之一。"批判"一词正是"源自古希腊词语 krino 及其名词 krisis，其原意是'区分'、'选择性地评判'、'分隔'并'加以筛选'。因此，作为动词的'批判'表示各种进行选择、决定和采取立场的行动。而作为名词的'批判'，特指评判和判决过程中一切行动的审慎性和思考性，同时也强调判决过程的结果以及正义决策过程的合理性。所以，作为名词的'批判'，关系到权利和法权的宣示以及由此建构和维护的合法秩序"[3]。由此可以清楚地发现批判之中隐藏的建构精神，我们也可以说公共空间、公共领域以及公共艺术都同时具有批判和建构精神的双重性格。换言之，对于三者而言批判是手段，建构是目的，或者批判和建构是一种更为复杂的对立统一关系，是一种批判与建构的永恒互动过程。

对于哲学而言，严格意义上的"批判"概念是在 17 世纪才正式运用的。而到了更晚的 18 世纪，美学理论中才引入了比较完整的"批判"概念。

批判精神进入到后现代，更是被赋予了新的内涵。这种新内涵往往更具颠覆性，它在现代批判精神的温床上诞生，同时又要对现代批判精神本身进行彻底批判以及全面超越。而且这种彻底批判和全面超越又从根本上区别于现代的批判精神，因为后现代的批判不仅彻底批判现代的理性精神，更是从根本上对现代的形而上学体系及其基础进行颠覆。而这种批判和颠覆又把诉求重点放在了"生活世界"，放在了走向艺术的生活。正是这种诉求重点的转向，使批判本身彻底摆脱了现代批判的理性中心主义，凸现了批判和生活的鲜活性，使批判成为通往精神自由与解放的过程。在这样的过程中，艺术的创造精神、自由精神和游戏精神被无限放大。这种放大可以追溯到以哈贝马斯为代表的法兰克福学派新马克思主义的批判精神。也正是哈贝马斯在批判中引入了"生活世界"的基本概念，这种属于社会文化系统的生活世界，成为公共领域在批判过程中摆脱理性原则的第一块跳板。其实早在尼采的影响下，批判已经发生了朝着"生活世界"的转向，加上尼采对于一切价值的重估与再评判，以及德里达、利奥塔、德勒兹、福柯等人的"延异"策略、"永远的出生状态"、"解构"行为、怀疑一切并使其"成问题化"以及"对于我们自身的永恒批判"等等，后现代的批判也就成为鲜活生活与艺术精神互动的游戏，而且是一种理论与实践相结合的游戏。在这种互动游戏过程中，鲜活生活的多元性，艺术的自由、创造与解放精神，成为后现代批判精神的根本特点。

公共艺术就是在以上的背景中，不断调整自己的发展方向，成为公共空间中的一种艺术"舆论"，并在这种舆论的实践中体现出一种既批判又建构的互动精神。换言之，批判与建构的有机综合就是公共艺术的实践。因为公共艺术也是一种行动哲学，当然这是一种艺术的行动——通过艺术介入空间，艺术介入生活，并引发新的行动力，这恰恰是公共艺术具有超越精神的一种体现。也正是这种艺术和生活的不断互动，艺术得以引领生活，照亮生活；而生活又给予艺术更多的灵感，使艺术得以再次升华，使公共空间得以容纳更多的自由、梦想与创造。

正是有了这样的公共空间，城市才成为一个充满生机的综合载体。一方面富有活力的城市公共空间是承载人们行为方式的重要场所，它的自由梦想与创造活力深刻地"雕塑"了人们的行为方式，并随着社会的发展而改变，具有很强的社会性。另一方面被"雕塑"的人们又反过来"雕塑"社会。正是在这种雕塑与被雕塑的关系之中，人、公共空间、城市与文化融入到一种新的综合体之中，一种良性互动、富有创造活力的多元综合体。正如福柯所言，我们并不是生存于虚空之中，而是生存于一种关系整体之中。在汉娜·阿伦特看来，"从物理意义看，公共场所不仅仅指一个场所，还包括人与人之间的空间距离。这些人为了互相讨论问题而走在一起"[4]。这些都强调了公共空间的文化、开放、创造、活力、多元、综合以及批判、建构等属性。

美国著名的城市理论家、社会哲学家刘易斯·芒福德（Lewis Mumford）在阐述城市发展过程时，用一种多视角的方法，将城市的宗教、政治、经济、社会等各种活动与城市的规模、结构、形式和设施等等的演变和发展结合起来。认为城市实质上就是人类的化身，城市从无到有，从简单到复杂，从低级到高级的发展历史，也就是人类社会、人类自身同样的发展过程，并认为"城市的主要功能是化力为形，化权为文化，化朽物为活灵灵的艺术形象，化生物繁衍为社会创新"[5]。刘易斯·芒福德所论述的城市，是人类赖以生存和发展的重要介质。城市不仅仅是居住生息、工作、购物的地方，它更是文化容器和新文明的孵化器。

当代社会体现的民主、多元、包容和谐的精神续写了大众权利对公共空间文化形态的新需求，公众与公共空间的关系发生了根本的转变，公共艺术则成为这种转变过程中的文化载体。

总之，正是由于公共艺术的这种超越精神和实践精神，即一种永恒批判与永恒建构的精神，使公共艺术自身远远超越了空间美化功能，而成为一种当代的文化现象。

第三节 公共艺术的定义

1.3.1 何为公共艺术

公共艺术一词，由"公共"和"艺术"名词复合而成。"公共"一词的词义为"commonality"，有公共平民之意。而"公民"的词源为 civis，并由此衍生出表示公民身份的抽象名词 civitas（英文 citizenship），该词经过抽象内涵的不断增加，最终成为 commonality 的同义词，在英语中指代比区域面积略大的一片人群居住地。"艺术"（art）一词的含义是"技术，巧妙，美术"，指人们在自己头脑中形成一个意象图景。"艺术"一般与视觉相关，主要是通过二维或三维的再现，在人视觉中留下印象。

当然，"公共艺术"不能用"公共"和"艺术"二词来分别描述它的语义，"公共艺术"一词一开始就具有在城市中以人的交往需求为核心而展开的对空间的体验、对审美的获取，包括对形态、意象的亲历和审美活动之意。

公共艺术，无论在西方还是在中国都是一个难以说清的概念，历史学家在描述古代公共艺术的时候，往往是指公共空间的艺术，艺术在公共空间中形成各异的艺术语言，它们互相联系又互相区别，共同形成时代的物化标志。

"公共艺术"（Public Art）与城市"公有空间的艺术"（Art of Public Space）有什么不同？"公有空间的艺术"指的是由艺术家、设计师、出资者与公众参与而创作的艺术品；"公有空间的艺术品"在 20 世纪之前更多是在公有空间上设置雕塑品而已，即使在 1970 年代以前也仅是"公有空间的艺术"范围的延展。美国印第安纳波利斯对公共艺术的定义乃是："现在，在许多的现代化城市中，艺术家与建筑师、工程师和景观设计师共同合作，以创造视觉化空间来丰富公共场所。这些共同合作的专案包括——人行步道、脚踏车车道、街道和涵洞等公共工程。所有这些公共艺术表现方式，使得一个城市愈发有趣与更适合居住、工作及参访。"

而将公共、大众和艺术联结成一个特殊的文化领域——"公共艺术"时，它便呈现了更多当代文化精神，甚至成为当代文化现象的代言人。

"公共"代表公众的、公共的、公开的。"公众的"是社会的主体，即大众；"公共的"

巴塞罗那道路中央的分离环岛被设计成生态型艺术景观。

是共有、共享的概念；"公开的"是说信息观点要公布于众。

"公共艺术"除了具有特殊的艺术价值外，更重要的文化价值在于它的"公共性"。其文化价值的核心包含以艺术的介入改变公众价值、以艺术为媒介建构或反省人与环境的新关系，它不仅超越物质符号本体、提供隐蔽的教化功能，关键的是经由人、公共艺术、环境、时间的综合感知，批判、质疑或提出新的文化价值与思考。

1.3.2 公共艺术—— 一种新的文化取向

一方面，公共艺术代表了一种愿望，试图以乌托邦的形态和场所强化观众对于艺术品、环境乃至世界的体验；另一方面，它又潜在地担当着现代主义的重任，试图颠覆和质疑各种固有的价值观和偏见。

——维维安·洛弗尔（Vivien Lovell）[6]

城市公共艺术不等同于一般的城市的景观环境，它更强调以文化价值观为出发点的环境营造。日本著名公共艺术策划人南条史生说："一位优秀的艺术家并非仅是制作美丽的设计作品。他们还经常在作品中注入某些讯息。一件作品如果将摆设于公共场所，艺术家会考虑到作品与摆设空间结构之间的对应，并重视历史文化脉络，甚至会反映环境问题等时代思想。艺术家将作品以兼顾美感及设计感的方式表现出来，仅只是他们为了传达讯息的表现手法。"[7]

公共艺术可谓一种手段，那就是实践并形象化，透过这种手段去呈现艺术本体的根本质问。从事公共场所的艺术创作时，必须非常重视与公众的对话。由于当代艺术的多样性及人与人交流空间的转变，例如多媒体艺术、网络空间的存在，公共艺术的形式和载体更加丰富多元。对传统艺术的反叛与继承，对生活的融合，对客观世界和人类生存发展的思考，对艺术媒介的广泛试验和探索都反映在一种新的艺术理念上。公共艺术之所以是"公共"的，绝不仅仅因为它的设置地点在公共场所，是被大众共同接受的物品，更是因为它把"公共"的概念作为一种对象，针对"公共"提出或回答问题，因此，公共艺术就不仅是城市雕塑、壁画和城市空间中的物化的构筑体，它还是事件、展演、计划、节日、偶发或派生城市故事的城市文化精神催生剂。

西雅图的公共建筑（左图）

纽约的演艺剧院成为注入到生活中的艺术。

大众可能成为公共艺术"发生"过程的一部分,只是他们每个人只保留了一段乐谱,这段乐谱有可能在组装后形成艺术的整体,也有可能仅仅是一个片断性的乐思或者动机。策划人或艺术家是乐队的指挥,负责串联这些乐章,并使它反映时代的色彩。在作品呈现的时候,大众往往会惊喜于自己的片断被放大并呈现于公共视野,乐章之间的质疑和对抗使艺术家的创造有一种颠覆色彩。而且,作为被放大了保存方式的艺术,公共艺术的内质还是艺术家思想,而艺术家为了保存这段思想,往往做了策略上的让步,这个过程往往是艺术家的公共艺术的"发生"过程。

公共艺术存在于对人类文化、城市自身、社会的主体——人的"生存价值"的思考。或许,艺术回归社会,回归人们的日常生活,并时时刻刻影响人们的价值取向,让公共生活变得丰富多彩,才是公共艺术的实质意义。

1.4.1 公共艺术的研究范围

城市空间作为人们生活其中的栖息地，已成为人类精神的外化。它是文明、文化又是人类生活自身。公共艺术就是用一种"扩大的艺术观念"探讨城市空间与人类生活的互动关系。换言之，公共艺术是城市空间和人类生活的具有开放性和创造活力的中介。它利用这种互动关系营造空间的多元属性，从而赋予大众不同的空间亲历和多元的生活体验。

公共艺术作为城市文化的载体，可以结合国家级城市设计框架导入城市整体形象的营造；可以用扩大的艺术手段结合城市景观和人居环境介入公共空间，并在传承社区历史和文化的过程中永远与其保持一种开放的对话状态；可以结合城市家具打造富有个性的城市功能设施；还可以是动态、开放与互动的展演；可以是留存于历史的文化事件；又可以通过网络互动艺术或游戏娱乐方式进入大众；更可以是新生活方式的孵化器。

总之，公共艺术是人们对空间的定位、对空间的认同与质疑；公共艺术是人们对空间的审美需求和欲望；公共艺术可以表达人的精神诉求；公共艺术是一种有效的社会文化形态构筑；公共艺术是城市文化意象的营造与解构；公共艺术更是针对社会面临的问题以艺术的方式去揭示、质疑与颠覆，并在这种批判的过程中趋于一种新的建构。

1.4.2 公共艺术的发现作用

人类对美有着与生俱来的需求，尽管这一需求可能被文化断层和经济扩张带来的掠夺性所"屏蔽"。对于这个"屏蔽"，我们要做的是"打开"，公共艺术要做的是发掘原本属于民众的审美意识与精神渴望。公共艺术的一个任务——"发现任务"，就是"打开""屏蔽"，让艺术回归到原本属于自身的美好状态中，让公共艺术成为文化福利，提升大众的生活品质。

与其说公共艺术的发现作用，不如说文化互动，因为我们为之服务的、怀抱着艺术理想的民众恰恰是我们公共艺术策划理论得以依托的老师。我们的工作模式应该基于他们自身的文化欣赏习惯，看似公共艺术人创造了新的模式，事实上是发掘了蕴含在民众中的文化力量，我们和即将为之服务的城市系统是互动的关系，这个系统包括城市文化遗存等硬件，也包括民众审美习惯和民众地方文化话语等软件，我们最终发现的是我们自己寻觅的，或者说我们可能最终发现的是作为创作者而在场的自己。

1.4.3 公共艺术的拯救作用

相对于国家和城市形象系统而言，公共艺术的一个重要任务是文化拯救。

工业化社会使城市以"经济"为核心进行建设，追求高效与速度使汽车成为城市建设的主角，"汽车城市模式"使城市的发展沦为机器的奴隶。快速路与高架桥纵横于城市空间，大规模的工业化城市发展带来了增长的极限、生态的危机、理性和非理性的失衡等问题，社会危机、文化危机、生态危机屡屡爆发，终于使人类清醒并进行多方面的反思。

从城市建设自身的发展来看，也将由单纯的物质空间的塑造，逐渐转向对城市文化的继承与建构，提升城市的整体形象，并为居住在城市中的人们提供优质的环境空间。从公共艺术的发展趋势及其对城市空间环境影响的视野看，将公共艺术理念导入城市的整体形态，将为城市的和谐发展带来新的可能。

更重要的是我们构筑的精神场从某种角度来看具备文化医疗功能，文化人群可以在这里重睹久违的当地文脉，这对于他们的心灵是一次柔和的安抚，在拯救城市文脉的同时，也找到了安放地域民众的心理温床。当然对于城市而言，这种安放还有拯救的功能，拯救已经或即将断裂的文脉，接续从过去到现在的文化路径。这等于拯救了每个城市的个性化灵魂。

1.4.4 公共艺术的沟通作用

在人类文明的进程中，城市和农村曾有过令人迷恋的和谐状态。然而，工业化、现代化以及全球化在创造、革命的大旗下，也严重挑战了人类生活在自然状态下的时间循环体系。一旦超过极限，存在于时间里的空间，也往往随着时间的压扁，破裂成更加荒芜孤立的碎片。互联网的高速发展似乎更加突出了"信息富足"与"信息贫穷"的空间裂痕。

最近十年来，在意大利托斯卡纳大区的一些地区发展起来一个"艺术向艺术"项目。该项目有两条主线：一条被命名为"艺术向艺术·艺术·建筑·风景"，主要关注城市与农村的关系；另一条主线是"艺术向艺术·（文艺）复兴·诞生"，主要关注城市和已经工

图为米莫·巴拉迪诺（Mimmo Paladino）2006 年为纪念达·芬奇而设计的一个广场，是"艺术向艺术·（文艺）复兴·诞生·艺术·工业·风景"的项目，位于芬奇市的康蒂·贵迪广场。

业化的农村之间的关系。其意图是利用当今最活跃的艺术家和他们的当代艺术，进行一次横跨多个领域的艺术链接，并试图通过这种链接寻求一种可持续发展的模式。这几乎是一个疯狂的艺术改变生活的宏伟计划：从城市到农村；从艺术到建筑到风景；从（文艺）复兴到当代可能的更富创造活力生活的诞生；从"艺术的土地协会"到"艺术 × 葡萄酒 = 水"等等，都是这一超级计划所要链接的重点。

　　推进该项目的常青艺术协会用"艺术向艺术"这一艺术载体与伟大的艺术家进行交流，试图寻找一条能够解决当下问题以及今后面临问题的道路。艺术家们在公共场所中工作的同时，面对当今越来越突出的问题，运用甚至会引起争议的构想重新诠释拓展艺术的理念，围绕人类孕育着一场文化革命。近些年来，20 位策划人已经邀请了 84 位艺术家

蔡国强的桥下当代美术馆（UMoCA）——什么都是美术馆第二号，2001 年。图片提供：蔡国强工作室。

为很多城市专门创作了作品。蔡国强策划的"桥下当代美术馆"（UMoCA），就是"艺术的土地协会"的重要项目，该项目致力于国际当代艺术与富有古代文化传统市郊农村之间的链接，并在最古老和历史化的背景中创作艺术作品，也包括对广场、建筑和私人建筑的设计，期望可以链接传统并重现传统的魅力。这几乎是一种极限的挑战，因为这种挑战面对的是一种人类的可持续发展，包括对能源节约、生态建筑和艺术在内的生活质量的追求。正如"桥下当代美术馆"的副标题一样——"什么都是美术馆"——它追求的是对世界各种古根海姆美术馆、麦当劳、肯德基和星巴克的挑战，追求面对土地、空间与生命的更加和平、和谐的发展模式。

　　而"艺术 × 葡萄酒 = 水"则是一个对于土地的重新平衡具有特别意义的项目，它包括精选的葡萄酒，艺术家为葡萄酒专门的设计，以及为支援严重缺水国家而组织的筹款晚会等。常青艺术协会的目标是通过该项目筹集到 60 万欧元，迄今为止已经筹集到12.8 万欧元，与托斯卡纳大区的计划进行配合，已开始实施的水援助计划包括"为巴西建造 100 万个蓄水池"等活动，充分表明了艺术链接的无穷动力，尤其是当它作为一种沟通手段的时候，艺术的链接就成为一种特殊的桥梁。

1.4.5 公共艺术提升经济活力

在一些国家，公共艺术带来的连带经济效益是明晰可见的，发展公共艺术给城市带来的最直接的收入是旅游收入。

1995 年，克里斯托夫妇个人投资 1500 万马克，用 10 万平方米银白色化纤织物和 15600 米的深蓝色尼龙绳，将位于柏林的德国议会大厦包裹成壮观的大地艺术，6 月 24 日，包裹完成。在前后的三个星期，这件巨型公共艺术作品吸引来 500 万观众。柏林的旅馆被订购一空，大厦前的广场上人山人海，许多年轻人干脆在草地上过夜。展出的最后一天，10 万人涌向广场，通宵狂欢。这期间，柏林因此获得的旅游收入高达 3 亿美元。

2005 年 2 月，克里斯托夫妇在纽约中央公园耗资 2100 万美元，完成大型公共艺术装置《门》，由 7500 道聚乙烯制成的独立的橙红色大门组成，在冰雪未融的灰白世界中荡起 23 英里橙色暖流。作品持续展出 16 天，全球 200 多家媒体专门进行报道。开展的第一天，中央公园迎来 35 万游客，第二天达到 45 万。在往年的同一时间，通常每天游客为 6 万 5 千人。来自世界各地的游客必然会给城市带来丰厚的回报。对此，纽约市市长布隆伯格（Bloomberg）说："我相信《门》将为纽约带来至少 8000 万美元的经济效益。"

同时，公共艺术还以文化创意产业的形式增加城市财富。

1999 年，芝加哥文化局受到苏黎世奶牛大游行的启发，推出了自己的相关活动，而且其规模和影响力都远远超过了苏黎世。由于芝加哥文化局的积极努力，活动成为艺术家、企业赞助者和社会大众的中介和平台，吸引了广泛的社会参与。

文化局在向当地的艺术家发出的邀请得到积极回应后，立即联系企业认养捐助乳牛，每头乳牛价格从 2500 至 11000 美元不等，伊力诺依州商业与社区事务局还额外资助了 10 万美元。活动中，文化局把原型乳牛提供给艺术家进行自由创作，但为了活动的纯粹性，创作中不得出现商业广告。经过绘制的乳牛摆放在街道，成为当地一道靓丽的风景线。同时，一系列相关的活动也相继展开，包括印刷品如公共艺术地图的免费发放，建立网站进行宣传，在当地媒体制作特别节目进行深入报道，包括当地有线电视台固定栏目的特别版，以及著名的《芝加哥论坛报》设立专题栏目，读者还可以到报社的网站上投票选出最喜爱的作品。这种互动还扩大到民众对彩绘过程的参观，甚至专门开辟儿童与艺术家合作的创作园地，在完成的作品上还特别标明儿童作者的名字。这种互动就是公共艺术之公共性的一种表现，也正是这种公共性增强了社区认同。

被收藏后放置在公共场所的彩绘乳牛

　　展览结束后，这种互动仍在继续。文化局从相关作品中精选出 143 件进行拍卖，标价从 100 美元至 10200 美元不等，包括利用网络竞标，以及现场公开拍卖，并把回收的 200 万钱款捐给赞助者指定的公益团体。剩余作品继续在社区巡回展览。

　　更加可观的收入来自"乳牛大游行"衍生的商品，如书籍、海报、纪念杯、纪念衫等等，尤其是活动带动的旅游和就业服务收入，大约带来了 2 亿美元的经济效益。除此之外，整个活动至少吸引了百万观众的参与，也带来了良好的社会效益。之所以会有这种效益，就在于通过精心策划，活动不仅没花纳税人一分钱，还把文化创意产业同公共艺术紧密结合而带来了多赢局面；在于活动的诉求重点是公共性、福利性和市民的利益。

　　正是通过这种良性互动，公共艺术将引发城市整体经济活力的提升。根据美国国家艺术基金会的推算，对公共艺术的经费投入可得到 12 倍的连带经济效益。

　　公共艺术带来的经济效益不仅仅体现在旅游收入、文化创业产业收入等直接与艺术品相关的经济收入，还体现在城市在公共艺术的引导下实现人文与自然的和谐发展，逐步走向宜居，从而吸引人流的迁住，带来投资的热潮。美国西雅图近年的发展就证明了这一点，西雅图的公共艺术建设以提升生活品质为目标，以公共艺术建设树立城市美誉度。自 1973 年确立公共艺术百分比法案，头十年之内就有八百余件艺术品安置在公共场所。近年来西

西雅图的社区休闲广场

雅图市人口增长迅速，年年被评选为最佳居住城市，在很大程度上要归功于西雅图成功的公共艺术建设，使得西雅图声誉日隆，带来了移民潮。这是公共艺术提升可持续发展经济活力的又一案例。

1.4.6 公共艺术推动社会和谐

在集权社会，艺术是权威的彰显和最高阶层的喉舌；在民主社会，艺术则是促进各个阶层相互沟通的平台。公共艺术尤以其"公共性"集中体现了艺术的沟通性。当代公共艺术注重"民主、互动、开放、参与"，以"综合、整体、实践、多元"为特征，艺术的作用和方式从神圣感、殿堂式、经典式的方式变为追求有效的表达和交流，艺术与公众的关系成为互动的双向交流关系。而且，公共艺术是蕴含着大众良性集体意志的，这与良性的政治体制互为印证，更互为怀想，尤其是我们的社会文化总路径是"和谐"的时候，公共艺术更能凸显自身原本蕴含的力量：关爱弱势群体，推进社会公平。

西雅图派克市场（Pike Place）有件深受市民喜爱的公共艺术作品——瑞秋猪。瑞秋猪肥胖可爱的形象和满地撒落的蹄印引来无数市民和游客与之合影。瑞秋猪诞生于1986年8月17日，是雕塑家乔治亚·杰博（Georgia Gerber）根据1985年Island县展览会的冠军猪复制的铜像，它重达 750 磅，名为"Rachel"（瑞秋）。雕塑家在瑞秋的身上留了一条口，胖猪就成了一个存钱罐，不时有游客往里投钱，这成为派克市场基金会筹集资金的一个渠道。通过瑞秋猪，派克市场基金会每年能够筹集到 6000—9000 美金，为市场所在社区的近 1 万低收入和老年居民提供帮助。具体的服务包括市场居民的医疗保健、市区的食品银行、市场老年中心和市场的幼儿园等。

2007 年 3 月 21 日，作为美国最早的为农民经营提供服务的市场，派克市场开始庆祝它的诞辰百年，同时，基金会也庆祝自己向市场提供服务 25 周年。这一庆祝活动将持续半年，直至 9 月。作为其中重要的一项节目，2007 年 6 月，胖猪大游行开幕，关注底层人民、扶助弱势群体的故事和精神在整个西雅图市传播。

西雅图"胖猪大游行"也是应和了中国的猪年，从多种文化中汲取创造力。多元是文化发展的基础，公共艺术以直观的方式让多种文化、生活形态深入人心，增进社会的宽容度与全面进步。

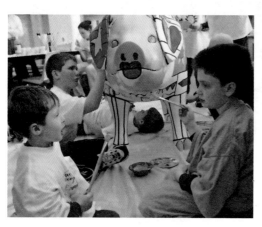

社区居民对公共艺术的参与

瑞秋猪成为市民节日生活的新图腾。

位于芝加哥的米罗作品设有专为盲人
解读作品的作品小样和盲文，显示
关爱弱势群体的城市文明。

1.4.7 公共艺术增强社区认同

历史文化是一个城市的灵魂所在，也是城市实现可持续发展的重要动力。公共艺术通过以视觉形式为主的多种媒体和手段，让城市的历史文化从日常生活中彰显出来，让城市记忆以物质的形式保存下来并流传开去，加深市民对居住地的认识，唤起人们对城市的情感。以城市文脉为纽带，在市民之间建立起紧密的联系，这样的城市才是有血、有肉、有灵魂的健全城市。

作为城市文脉积淀与传承的重要载体，城市公共艺术在保存传统文化的同时，也激活了传统文化的生命力，强调地域特色和多元融和，成为推动城市发展的积极因子。

将城市文脉中的故事、记忆纳入当今的城市改造，是巴塞罗那城市形象的重要指导思想之一，巴塞罗那因此而独具魅力。2003年完成的巴塞罗那市郊的一个大型水景公园，就是利用现代设计加历史记忆而形成的一种新的符号语言。该地区原来是以灌溉农业为主体的区域，灌溉、喷淋等水的意象则被艺术家抽象出来，成为对文脉的隐喻。正是这种隐喻延续了这一特定地点、空间、家园的生命。事实上人类对家园依恋的强烈程度，有时是无法用简单几句话说明的。

后工业社会的心情灌溉：巴塞罗那市郊的一个公园位于巴塞罗那正在发展的郊区——一个与当地风格缺少一致性的地区，它引发了一个问题：什么样的设计是最适合市区公园的方案？后来挖掘的水池暗示这个地方曾经有过浇水灌溉系统，而一个模仿间歇降雨的喷水装置使这里呈现出一副自然的面孔，于是，曾经的灌溉农业区成为当今市郊的新生活区。

儿童滑梯成为整体空间
环境艺术的组成部分。

这种处理手法恰恰是公共艺术的特点：公园中呈现出农垦的意象，一座座金属框架雕塑体模仿的间歇降雨的喷水装置，使这里呈现出一种浓浓的自然气息。水池中金属框架喷出的水雾制造了一幅美妙迷人的画面——在太阳下水雾泛出的彩虹，远处的白鹅在水中舒缓游弋的身影，池塘边上的坐椅，晒太阳的人们，公园里特别设计的儿童滑梯、桥和远处的形象又融为一片 …… 它不仅暗示了这个地方曾经有过的灌溉系统，也是今天市民的享受对象。不仅是视觉的享受，更是一种心情、心理的体验，所以它也是一种后工业社会的心情灌溉。

美国福特基金会宣布 2003 年"改变世界的领袖奖"得主名单，华裔艺术家叶蕾蕾以在美国贫穷的北费城非洲裔社区所创立的"怡乐村"（The Village of Arts and Humanities），从全美 1300 个参与角逐的非营利慈善组织中脱颖而出，成为当年 17 位得主中唯一的华人，同时她还获得宾夕法尼亚州 2003 年土地利用环保优异州长奖 ……

1986 年的夏天，叶蕾蕾"单枪匹马"来到了费城北部的一个充斥着荒芜、残破与贫困、失望的黑人贫民区，准备建造一座花园。她要用艺术作为一个载体去激发社区的活力，去连接孤立的人群，去融会社会的环境。这当然是个极大的挑战。

叶蕾蕾从亲自动手开始，到吸引一些小孩帮忙，再到孩子的家长也来帮忙 …… 这样从最初没有一分钱，到 1989 年成为一个综合的民间文化、艺术工作坊，名称就叫怡乐村。

叶蕾蕾与社区的人士和小朋友共同创作作品

其实这个计划并没有什么复杂的形式，就是在社区中从镶嵌画、壁画和雕塑等形式切入，使社区的视觉环境得到极大的改观，更为重要的是，她在这个过程中调动了社区儿童及家长的深入参与。这种参与从单纯的壁画、雕塑扩展至更多大型的、效果显著的活动，包括参与戏剧、舞蹈的演出，植树造园等，所造之园有美丽的花园、菜园和一个树苗场。通过这种启发、鼓励、动手、参与、互动……孩子们的好奇心得以满足，想象力和创造力得以发展，动手能力得以提高。尤其是在短期内看到了成果，更是激发了孩子们的自信心，实际上也提高了他们解决问题的能力，包括学会如何与同辈人和平相处，共同分享等。通过多年的努力工作，叶蕾蕾和她的志愿者们真正把艺术变成了社区生活的重要组成部分。现在在怡乐村，14 个公园都可看到社区人士和小朋友的集体艺术创作，村内到处可见花草和艺术品，每年至少有一万青少年受惠于怡乐村所办的各种才艺活动。

1.4.8 公共艺术促进文化繁荣

根据公共艺术评论家约翰·贝克尔（美国重要公共艺术期刊《公共艺术评论》的编辑）的估计，全美平均每天有 5500 万观众与公共艺术面对面，这个数字大约是画廊、博物馆、剧场观众总数的 1000 倍。越战纪念墙每天的参观人数超过 10 万，放置在机场和地铁的艺术品每天则拥有 500 万以上的观众。此外，公共艺术得到的媒体关注度是其他艺术形式的 10 倍，如此庞大的观众数量和媒体关注度使公共艺术不可避免地成为重要的社会资源。

公共艺术对于促进城市经济、政治、文化各个方面全面发展，尤其是在提高城市文化形象等方面，具有自己独特的价值和作用。

美国艺术家杰夫·昆斯（Jeff Koons）在国际现代艺术最重要的展览地卡塞尔皇宫创作的《幼犬》作品，当《幼犬》雕塑安置在这里时，约有来自不同国家的十余家电视台跟踪报道了此次活动，众多游客云集于此，作品吸引了 10 万人以上前来参观。一年后《美食杂志》报道，光临这里餐厅吃饭的人大幅减少，原因很简单，这座《幼犬》雕塑不在了。图片提供：科勒尔施拉克（Werkstatt Kollerschlag）工作室。

丹尼斯·奥本海姆（Dennis Oppenheim）2005 年在慕尼黑创作的作品，是用两个倒倾的不锈钢酒杯结合鲜花组成的地景装置，两种颜色的鲜花表现了酒水的交融。图片提供：科勒尔施拉克工作室。

第二章　隐藏的历史

希腊谚语:"人生虽短暂,艺术永久远。"

对逝去时代的回眸,既是我们解释今天的一种途径,也是我们找到回归人类本源的一种方式。

或者我们游历在夕阳的宫墙上,眺望壮丽的中轴建筑群,在烟云缥缈的石窟崖壁感受大地的宽容 …… 华彩亮丽的高工展凤、雅致精巧的透雕盘螭,你可以嗅到先人鬼斧神工下的华丽惆怅,这景象与逝去的时间交糅在一起,传递着地域的文化品格,过去的时间中似曾充盈着艺术的生命,先人们曾生活在美好的吟哦中,生活在艺术中 ……

自远古时代以来,艺术对我们的生活就是不可或缺的要素。梁思成20世纪30年代在北大讲课时曾说"艺术之始,雕塑为先",艺术刻画了人类文化和历史,使人类能够亲眼瞧见这些文化和历史。无论是在罗马、巴黎、北京、西安还是在纽约,建筑物与公共艺术皆诉说着这些城市的历史。

人类的祖先在营建建筑时,建造工艺和装饰即是一个整体。西方的建筑、雕塑、壁画、园林和手工艺更是以这种综合的整体显示着前人的智慧。

自从人类开始自觉建设聚居地的时候起,就已经有原始的设计意识。因此城市设计作为实践有着久远的历史,古今中外的城市建设史中不乏许多成功的城市设计杰作,留下了丰富的实践经验,成为我们今天共同拥有的宝贵财富,例如古希腊时期的雅典卫城、普南城(希波丹姆模式),文艺复兴时期罗马的彼得广场、拿破仑时期的法国巴黎改建规划,以及我国唐代的长安城规划、宋代的"平江图"、明代的北京城规划等。

文艺复兴时期的建筑师往往集艺术家和规划师于一身。至19世纪末期,城市设计逐渐演变为相对独立的专业,然而城市设计作为一门新兴学科从建筑学和城市规划中分离出来,还是近四十年来的事情:1965年美国建筑师协会正式使用"城市设计"(Urban Design)这个词汇。

"城市设计"作为独立的概念,似乎先天就注定了它的逻辑内涵和外延的双重模糊性。1990年5月,我国的"城市设计北京学术讨论会"提出的城市设计概念是:"城市设计是以人为中心的,从总体环境出发的规划设计工作。其目的在于改善城市的整体形象和环境美观,提高人们的生活质量,它是城市规划的延伸和具体化,是深化的环境设计。"

雅典卫城荟萃着古希腊文明最杰出的作品。

雅典卫城西面重现图,从总体布局到建筑、雕塑、装饰以及手工艺为一体的总体设计。图片来源:《失落的城市》,泛亚国际文化科技股份有限公司出版发行。

作为一个建筑环境的整体，雅典的卫城是由当时著名建筑师伊克蒂诺斯和卡利克拉特在执政官伯里克利主持下设计的，雕塑家菲狄亚斯参与了建筑与雕塑的整体设计和制作。卫城是雅典乃至全希腊的一颗明珠，是雅典民主的象征，也是古代希腊文化的标志。卫城海拔 156 米，从雅典市的任何地方都可以看到。自然的山体使人们只能从西侧登上卫城，从这里可以俯瞰整个雅典城。

　　卫城的中心是雅典城的保护神雅典娜的铜像，主要建筑是膜拜雅典娜的帕特农神庙。建筑群布局自由，高低错落，主次分明。无论是身处其间或是从城下仰望，都可看到较完整的丰富的建筑艺术形象。菲狄亚斯、伊克蒂诺斯和卡利克拉特等才华出众的艺术家、建筑师充分地施展自己巧夺天工的技艺，使雅典卫城达到了古希腊圣地建筑群、庙宇、柱式和雕刻的最高水平，为后人留下传世之作。

　　卡比多里奥广场所在的位置传说是古代罗马的中心。山丘上曾有 25 座神殿，"卡比多里奥"一词即来源于 Capital。作为真正的都市组成部分，这个广场是 1538 年才落成的，由保罗教皇三世授权米开朗基罗设计并建造。米开朗基罗运用透视法则进行了卡比多山的整体改造设计，三座文艺复兴时期的建筑围绕着鲜花广场。广场正面的巴洛克式建筑是罗马市政厅，左右两侧分别是卡比多里诺博物馆和康塞瓦托里博物馆，总称为卡比多里尼美术馆，其中康塞瓦托里博物馆 1471 年建成，是世界上最古老的美术馆。

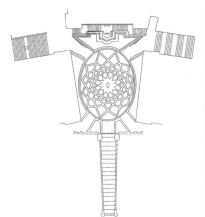

米开朗基罗为卡比多山改造工程所做的总体规划

米开朗基罗运用透视法则完成了卡比多山的改造工程。

第二节 被礼赞的城市

明清北京城被称为"人类在地球表面上最伟大的个体工程"。将一个城池描述为一个"个体工程",足见其有机整体的城市气质。1949年北平解放前夕,梁思成为解放军列出的保护文物清单上郑重地写为"整体北平"。

中国王城的营造,有着明确的整体布局。北京遵循古代城市建设经典《周礼·考工记》提出的原则:"匠人营国,方九里,旁三门;国中九经九纬,经涂九轨,左祖右社,面朝后市。"

明清北京城通过中轴线与什刹海交汇,大胆地将成片天然湖泊引入城中,确定了整个城市的布局。在体现儒家思想的基础上,又体现了"人法地,地法天,天法道,道法自然"的道家思想,第一次将儒、道兼融于中国都城营造中。

著名现代主义大师马里奥·博塔在故宫对中国建筑师说:"你们没必要生搬西方的东西,只要把故宫研究透就够了。你看,故宫只有两三种色彩,两三种建筑材料,就是用这么简单的东西营造出如此震撼人心的建筑环境!"

北京的中轴线是世界上独一无二的建筑艺术的中轴线。从外城最南的永定门北行,在中轴线左右是天坛和先农坛两个约略对称的建筑群;顺轴线向北经过一条长长的市楼对列的大街,雄伟的正阳门楼成为内城的序幕;从天安门过渡到故宫的建筑群,金色照耀的琉璃瓦顶,一层又一层地起伏嶙峋,一直引导到太和殿顶,到达中线前半部分的极点;然后向北以神武门为故宫

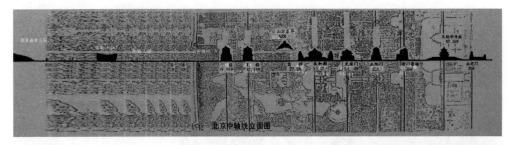

北京中轴线立面图

恢宏的北京建筑中轴线

的尾声；而后，又到达"奇峰突起"的景山中峰；由此俯瞰地安门，到鼓楼、钟楼，完成了中轴线建筑艺术的雄伟布局。

第三节　繁华的背后

曾几何时，人类生存的大部分环境已经背离人性，远离愉悦和美感，远离人们的精神初始。艺术环境本应具有的丰富多样性消失了，城市千篇一律，变得越来越没有创造性，其结果就像查尔斯·摩尔在接受 AIA 金奖时说的："最近，我们的城市变得越来越不可居住。此时，我们的建筑却变得'越来越好'，这难道不奇怪吗？"

艺术从远古时代起，即与人类共存至今。然而经过启蒙和现代性洗礼的人们却发现，正是启蒙带来的纯粹理性却隔绝了城市生活和艺术的有机联系。艺术在追求纯粹的同时不仅越来越远离生活，似乎也走到了自身的极限。于是，人们开始反思，艺术是人类体验的最高境界，这种体验只是少数精英的特权？"美的城市"需不需要以艺术化生存回归对伟大传统的追忆？在当代，

让·杜布菲（Jean Dubuffet）位于纽约渣打曼哈顿银行前的广场上的作品《四棵树的组合》，白色的造型以黑色线条为鲜明特色，仿佛在建筑森林中漂浮着浮云，1972 年。

赫伯特·拜尔（Herbert Bayer）《双重台阶》，位于洛杉矶市阿尔科广场，螺旋形楼梯以鲜艳的红色和水池激活了冰冷的建筑空间，1973 年。

爱德华多·保罗奇（Eduado Paolozzi）位于科隆大教堂后面莱茵河畔公园的作品，青铜造型与水池营造的地景艺术成为孩子们的戏水乐园。

艺术与城市形态已日趋密切，艺术化的环境空间有着令人愉悦、形态丰富的形式之美。早期公共艺术的登场即是基于艺术"装点"城市的概念走上历史舞台的。

传统的城市是一个整体，是体现统治阶级意志的，其建筑材料的应用也确保了这种整体性。而现代建筑的兴起和大众意志的逐步登台打破了这种一致性，城市被切割成分散的独立空间。在某种意义上，这种独立空间的需求导致了早期公共艺术相对独立的形态。这时的公共艺术大都是以雕塑、壁画及建筑装饰为手段改变环境的视觉形态。

随着城市环境的多样性需求，化解现代城市趋同的痼疾成为人们的共识，出资者、赞助者、捐助者、市民参与等使城市对文化、经济以及地方特色有了更高的要求。艺术家、设计师、景观规划、地景艺术的联合，也使得"公共艺术"的概念与实践进入了更为广泛的都市空间。

"文化"一词在拉丁语中的原意为"市民"或"城市居民"。由此可见，文化是由人类的聚居而得到发展的，城市是人类文明的象征。

不同的地区由于自然环境、信仰及政治背景不同，形成了各具特色的文化。

古希腊为了供奉神明建造了神庙，欢庆庆典的卫城、剧场甚至运动场都与敬神仪式及幻想合二为一。完美的裸体雕塑就是幻想的神，大理石雕刻、石头梁柱充满着艺术的和谐。

中国的城市正在超高速发展，很多城市建设所沿用的大多是西方经过二战破坏后因急需快速重建而产生的城市发展模式，致力于迅速满足工业社会的需求。于是中国的建筑风格开始国际化，单调的建筑及大量标准化的厂房、摩天大楼，造就了城市的杂乱无章、功能分散。城市越来越依赖汽车交通，因为我们的城市在逐渐变大、再变大。在我们较少考虑环境问题而全力发展城市时，欧美却正在奋力控制城市的发展，在思索城市发展的理想目标，不断提出新的课题来解决城市发展中所面临的问题，而我们的一些城市发展正面临着战略决策。

城市拥挤，散乱无序，毫无人文水准，交通太差，几乎是当今中国一些大城市的统一图像。城市建设大都是围绕着经济而展开，而且往往偏离了可持续发展的经济模式。工业化和现代化依然支配着城市走向消费社会，建筑风格国际化成为流行趋势，地域文化的多样性和特色逐渐衰微。深圳的城市建设是以铲平丘陵、牺牲地貌美感为代价的，我们引以为自豪的上海浦东其实是在东方的土地上克隆了曼哈顿。

我们不禁要问，是城市之大造就了"汽车轮子上的城市"，还是汽车强化了大城之大。这个问题似乎已不再重要，重要的是大型公路网对人和城市生活的隔离副作用，以及路上的飙车风气似乎成了理所当然的事情。于是城市公共空间也迷失在了服务对象的悖论中。

明十三陵的布局和视觉营造，在满足礼制功用的同时，与山川、水流、植被等自然环境因素密切结合，追求一种完美的和谐统一，体现了"天人合一"的整体思想，达到了极高的艺术境界。整个陵区依山就势，背山面水，在四面青山环抱的中心，却留下极为开阔的气势。十三陵的精华是长陵神道，它

高架桥截断了历史建筑呈现的文化精神。

这件名为《市区摇椅》的作品，由劳埃德·汉姆罗尔（Lloyd Hamrol）创作，位于洛杉矶当代艺术博物馆附近。也许是当地人见过太多诸如奈德·斯密和玛丽·米斯的环保类作品，而希望有更新鲜的表现形式，这种幽默类型的作品便开始出现了。事实上高速公路的飞车的确有摇椅的飘然，可是一旦飞出"摇椅"，故事也就不再幽默了。本来以速度为重点的汽车和大型城市路网，却成为堵车和污染之源，成为城市生活的藩篱。这难道不是莫大的讽刺么？

是各陵共用的"总神道"，神道两旁的18对造型庄重、气势逼人的石像生借着神道的开阔大气与周围山峦的环抱护佑，充分显示了陵寝的肃穆气氛，并同其他陵寝以及平原和远处山势浑然一体，对人类心灵产生强烈的震撼。

　　我们现在所看到的景象与过去迥然不同，修建公园时忽略了环境的尺度关系，牺牲了神道的天际线背景，同时失去了原有的神圣尺度感。对场域而言，人与神道、瑞兽以及山峦环境的关系，恰恰是前人以艺术的手段营造的整体精神场。我们在"城市美化"过程中忽略了这种精神场所的人文因素，自然也就割断了历史的文脉，它的文化价值以及它对人们心灵的影响也就消失了。

成片的拆迁房和和拔地而起的城市森林是当今中国城市建设的缩影，对自然、对文化遗产的建设性破坏几乎没有有效的约束手段，许多优秀的艺术遗产倾覆在城市的崛起之中，很多城市的改造也丧失了精神的本源。

　　城市问题对于今天的中国显得尤为重要，我们的城市结构、空间形态、生态环境以及历史文化的保护与发展等诸多方面面临诸多亟待解决的课题。空前高速的城市建设扼杀了城市的独立品格，而这种品格恰恰是与城市特有的都市文化息息相关的。

明十三陵神道的布局在满足礼制功用的同时，与山川、水流、植被等自然环境因素密切结合，浑然一体。

北京十三陵神道，原有的视觉震撼力让位于粉饰的旅游公园。

第三章 公共的第一张脸

探讨公共艺术，必然从公共性、公共领域的角度来切入，这不仅是公共艺术存在的基础，也是公共艺术的世界观和方法论。而哈贝马斯则是公共领域结构转型理论的奠基人。

在公共艺术论述中寻根哈贝马斯，是因为哈氏比较全面地勾画了资产阶级公共领域的转型过程。更为重要的是哈氏在后期的著作《交往行为理论》中引入了"生活世界"的概念，试图在公共领域中把握"沟通合理性"，延续现代性的"新启蒙"理想。正是这种"可沟通"的思想和后续行动，暗合了公共艺术的某种基本理念与功能。

当然，哈贝马斯的理论并不是孤立存在的：首先，以福柯为代表的后现代思想家就"普遍性规范、确定性思想、理性的沟通"等命题，与哈贝马斯展开了白热化的争辩。这是一种从更广泛的社会理论视野进行的辩论，这种辩论过程本身就说明，作为公共艺术前提的哈氏的相关理论并非是一种"确定"的、终结的定论。其次，就艺术本身而言，尽管早在极简主义艺术之后就进行了社会学的转向，但是，我们并不能说公共艺术必须像其他公共领域的命题一样，完全按照一种普遍、确定与理性的方式去沟通。换言之，公共艺术仍是艺术，或者说公共艺术是超越了普遍性与特殊性、超越了确定性与非确定性、超越了理性与非理性的艺术。既然它超越了这些矛盾，我们就不能只强调其中的一方面。而且艺术本身就是一个"开放的空间"，艺术创造的过程在某种大的规划基础之上，具有极大的不确定性与非理性。

正因为公共艺术除了具有可沟通的公共性外（我们可以把它对应于公共艺术的建构精神），还有开放性与不确定性（我们可以把它对应于公共艺术的批判精神），所以我们在分析哈贝马斯著作中"交往"、"沟通"、"生活世界"以及"乌托邦的重点从劳动概念转移到了交往概念"的命题对公共艺术理论极大贡献的同时，还要保持一颗超越的心，即建构之中有批判，批判之中有建构。因此，分析完哈氏的命题后，我们也必须分析与其对应的福柯的命题如"权力"话语等，这样才能全面把握公共领域和公共性的内涵。也许正因为如此，谈及哈贝马斯则必谈福柯。

此外，公共领域"是'市民社会'所特有的"[8]。而市民社会又是一个内涵极为丰富且极具开放性的概念，所以研究公共领域和公共性，也必须结合市民社会的不同发展阶段来考察其不同内涵。

正如市民社会可以追溯到古希腊的城邦政治，公共领域等相关范畴也隐现着古希腊的印记。在《人类的境况》（*The Human Condition*）一书中，汉娜·阿伦特（Hannah Arendt）之所以高度赞扬古希腊城邦政治，就是因为她认为"城邦"（polity）是西方历史上建构"公共领域"的优秀典范。

其实 civil society 本身的译法就有很大区别，最主要的译法包括"市民社会"和"公民社会"，前者凸显了 civil society 的社会学意义，主要对应于经济生活的层面；后者强调了它的政治学意义，主要对应政治权利的层面。同时，civil society 有时还被译成"文明社会"。古典的市民社会理论经常把三者的内涵叠加使用。在市民社会的起源阶段，其诉求重点是摆脱自然、蛮荒的生存状态。所以在中古的城邦社会中，"所谓市民社会往往是指政治共同体或城邦国家，其含义与政治社会并无不同"[9]。换言之，对于城邦国家，市民社会在某种意义上就是城邦政治，政治生活往往就是公共生活，而公共领域就建立在公共生活

纽约的自由女神像被认为是自由、民主、平等的象征。

之上。所以，市民社会在哈贝马斯理解的"高度发达的希腊城邦里，自由民所共有的公共领域（koine）和每个人所持有私人领域（idia）之间泾渭分明。公共生活（政治生活）在广场上进行，但不固定；公共领域既建立在对谈（lexis）之上，又建立在共同活动（实践）之上"[10]。这种对谈，在哈贝马斯看来包括讨论、诉讼等形式，而这种实践又包括战争或竞技活动。从上面的分析中我们可以清晰地看出，在城邦国家中，市民社会、城邦政治与公共领域的呼应关系，以及三者与自然、荒蛮和私人领域的分离关系。所以，这时的公共领域是一个非常宽泛的概念。而且公共领域在古希腊人看来具有一种所谓崇高的色彩，奴隶、妇女以及外邦人均被排除在公共领域之外，只有那些享有自由、平等的公民才有可能进入其中。

总之，由于城邦的建立就是为了保障公民阶级经济上的自由，而且在拥有公民身份之后，便拥有了不可任意被剥夺的特权，所以，公民的自由平等便成为这一时期市民社会的根本问题。

第二节 市民社会的分离

尽管后来的"市民社会"概念经过了某种程度的发展，但基本上没有超越古希腊、罗马时代的理论框架。包括从中世纪中期到18世纪末、19世纪初欧洲出现的"代表型公共领域"，也不同于古典和现代意义上的公共领域，因为封建的"公有"只是"领主占有"的美丽外衣。所以在代表型公共领域所依赖的封建势力、教会、诸侯领主和贵族阶层发生分化之前，市民社会依然没有被分离出来。直到18世纪的欧洲启蒙运动和法国的资产阶级大革命，尤其是经过孟德斯鸠、伏尔泰这两位法国启蒙思想家的努力，政府和社会的概念才得以明确区分。这种区分强调了社会对于保障个人自由、平等权利的重要意义。法国大革命时，《人权和公民权宣言》中关于"公共领域"的一条明确写道："思想和意见的自由交流是最可贵的人权之一。人人都享有言论自由、写作自由和出版自由，但要对滥用法律所规定的这种自由承担责任。"[11]种种这些再加上《独立宣言》的主张，充分表明了法国资产阶级大革命以及美国的独立革命所强调的个人主义、人人平等的社会概念与政府概念的并置关系。正是有了这种并置关系，才有可能使两者的区别得以显现。所以康德和费希特便彻底把国家与社会的概念进行了分离，经过黑格尔的系统论述以及马克思的进一步完善，坚持政治国家和市民社会二分法的现代市民社会理论才得以呈现出完整的现代意义。

第三节　公共领域的流变

至于"公共"和"公共领域"的概念流变，则可以追溯到英、法、德三国最早使用这个词的时代。其中，"在英国，从17世纪中叶开始使用'公共'（public）一词，但到当时为止，常用来代替'公共'的一般是'世界'或'人类'。"对于法国和德国而言，"17世纪末，法语中的'publicite'一词被借用到英语里，成了'publicity'；德国直到18世纪才有这个词"[12]。

哈贝马斯在分析18世纪资产阶级公共领域时，首先界定了"公共性"，它"本身表现为一个独立的领域，即公共领域，它和私人领域是相对立的"，同时特别强调了"国家和社会的分离是一条基本路线，它同样也使公共领域和私人领域区别开来"[13]。换言之，市民社会是独立于国家的私人领域和公共领域。私人领域指"商品交换和社会劳动领域"以及家庭和私人生活，这是以市场为核心的经济领域。公共领域则是指"社会文化生活领域"，它是"由各种非官方的组织或机构构成的私人有机体"，同时"它为人们提供了讨论和争论有关公众利益事务的场所或论坛，在这里理智的辩论占主导地位"[14]。从这些论述中我们可以清楚地看到，由于市民社会早已脱离了古希腊、罗马时代政治国家概念，作为市民社会有机组成部分的公共领域也发生了概念上的转变，成为一个独立的领域，并直接通向社会文化生活领域。

转型之后的公共领域成为国家与社会、市民关系的润滑剂，而这种润滑作用首先表现为为公众争取到相应的自由与平等权利，这种争取是一种同公共权力机关博弈的过程。正如哈贝马斯所言："有些时候，公共领域说到底就是公众舆论领域，它和公共权力机关直接相抗衡。"[15]可见，哈贝马斯特别强调市民社会中的"公共舆论"（public opinion），也即强调市民社会的透明性、公众性、沟通性、自由思想性和语言论述的自由竞争性。他说："所谓'公共

皇宫成为公共的游览场所，巴黎。

领域'，首先是指我们社会生活的一个领域，像'公共意见'这样的事物能够在这个领域中形成。它原则上是向所有公民开放的。公共领域的一部分由各种对话构成，在这些对话中，作为私人的人们来到一起，从而形成公众。特别需要强调的是，他们是在非强制情况下作为一个群体来行动的，并具有可以自由集合、组合的保障，可以自由地表达和公开他们的意见。"[16]

哈贝马斯对能够形成公共意见的公共领域给予了很高的评价，认为公共领域是充满活力的。哈贝马斯对公共领域和公共性的分析对公共艺术的确具有极大的启发意义，这些理论涵盖了公共艺术的创作、沟通以及后续行动等一系列的过程。而哈贝马斯后期著作《交往行为理论》及其提出的"生活世界"（life world）概念，则对公共艺术有着更为重要的世界观和方法论的意义。

正是哈贝马斯的《交往行为理论》，尤其是其中作为交往行为（communicative action，另译"沟通行动"）之基础的"生活世界"概念，成为发展当代市民社会理论的助推器。

在该书中哈贝马斯剖析了由"生活世界"和"系统世界"（system world）交叉构成的社会概念，指出现代社会的病态性危机的根源是系统世界对生活世界的宰制。这里的系统世界是指遵循权力逻辑的政治系统和遵循金钱逻辑的经济系统。这里的生活世界，在哈贝马斯看来主要属于社会文化系统，而交往行为主要发生在公共领域即社会文化生活领域。生活世界包括文化、社会、个性三方面的"解释性范式"。正是有了文化传统的背景，人们在生活世界以相互理解为目的的"交往行为"，才获得了一种具体的解释能力，也正是这种解释能力把客观的、社会的和主观的世界联系到一起。这种不同世界的联系本身已经相当复杂，加上不同的解释就更为复杂，所以作为交往行为背景知识体系的生活世界就显得至关重要。因为只有通过生活世界这一概念，才能把握"沟通合理性"的中心问题——"相互理解性"。

在哈贝马斯讨论市民社会时引入的"生活世界"概念的基础上，两位美国新马克思主义者柯亨（Jean L. Cohen）和阿拉托（Andrew Arato）建立了新的市民社会理论，这一理论抛弃了政治国家和市民社会二分法，建立了国家—经济—市民社会三分法的新理论。在柯亨和阿拉托看来，这种新的市民社会理论的诉求重点是摆脱国家政治系统和经济系统的宰制，突显社会文化系统在市民社会理论中的地位，尤其是侧重社会文化系统对于整个社会再生产及变革的意义。

无论是生活世界、交往行为理论，还是以此为理论基础的新的公共领域概念和市民社会理论，都在某种程度上成为与当代公共艺术精神遥相呼应的理论宝典。尤其是这些理论对差异性的承认，侧重"文化"的意义，追求有"个性"的主体在"社会"生活中"同现代化的世界相遇"等诉求，更是当代公共艺术的精华。在近年城市复兴与新城市主义运动的最新进程里，上述不同领域的理论似乎更加突出了这种呼应关系。而公共艺术中对交流、沟通的追求，对人与艺术、人与人、人与世界相遇的关注，对社区回归、邻里互动的诉求等等，都成为一个个经典案例，证明了这些理论的重要性。

更为重要的是新的市民社会理论中流露的重建新时代乌托邦的希望，以及哈贝马斯对新时代乌托邦的界定：“乌托邦的重点从劳动概念转移到了交往概念”[17]，对于公共艺术更是具有精神上的导引意义。

然而，也正是在这一论题上，福柯讽刺哈贝马斯的理论是“交往的乌托邦”（贬义用法）。这就引起了一个新的问题：公共艺术如何通过艺术的方式切入公共性。而且，“公共性”本身也面临不同国家、不同历史阶段的不同解答，公共艺术当然也就先天带有多元化特征。

米罗的作品成为市民的足下生活。

对于公共艺术而言，面对几乎是悖论的问题，最好的策略也许并不是绕开甚至是回避，而是真正沉下心来反思。首先，让我们看看是谁在"上帝之死"以后还在鼓吹乌托邦。不过先要回顾一下什么是乌托邦，难道它真的只是子虚乌有之乡？

其实，继莫尔（Thomas Moore）之后乌托邦概念有了一系列发展，但人们更多地是运用了其反面意义，即不存在的地方，或空想、不实际等衍生义。而它正面的含义却被隐藏。经过布洛赫（Ernst Bloch）对其概念的拓宽，乌托邦才上升为一个具有普遍意义的哲学范畴。布洛赫指出，人们理解的乌托邦往往局限在"社会乌托邦"的层面上，从而限制了乌托邦广泛和无所不在的含义。

在今天，乌托邦不仅仅指追求消除异化与剥削，更是对本质生活的向往。"我是，我们是，那就够了，现在我们必须出发"，这就是布洛赫《希望原理》的开卷语，意味着以往什么都不是，一切将重新开始。布洛赫说"希望"就是"一个更美好生活的梦"。这就是布洛赫梦想的现实的乌托邦。

哈贝马斯一方面论述了传统乌托邦力量的穷竭，另一方面却认为："告别劳动社会的乌托邦，决不意味着历史意识和政治讨论的乌托邦维度彻底消失了，如果乌托邦这块绿洲不见了，将会出现的是一片平庸不堪的绝望无计的荒漠。"[18]

因为绝望，所以追求。于是王尔德（Oscar Wilde）说：一张没有乌托邦的世界地图是丝毫不值得一顾的。

而安东尼·吉登斯（Anthony Giddens）则在他的《超越左与右》中提出了"乌托邦现实主义"（utopian realism），即一种"不作保证的批判理论"。在《万民法》中罗尔斯（Rawls）也提出了"现实乌托邦"（realistic utopian），他认为这种社会是现实的，更相信人类理性本身的存在与能力。

然而，福柯却一针见血地指出这种"文化理性"与"交往理性"背后掩藏着权力。福柯认为权力是在一种轮回的状态中不断产生的新的话语结构。

正因为权力的轮回状态，福柯才主张"对于我们自身的永恒批判"。

事实上，交往必然涉及交往的话语权，涉及"交往理性"规范的制定。正因为如此，沙朗·佐京（Sharon Zukin）在《城市文化》中尖锐地提出了"谁的文化？谁的城市？"的问题。文中谈到"公共空间在本质上是民主的"，但是"谁能够占有公共空间并定义城市的形象，是一个没有确定答案的问题"[19]。面对这些问题，德里达采取了一种从波德莱尔那里继承下来的流浪的态度，"德里达自己曾宣称：他是一位流浪的哲学家。他从流浪的处境出发，对现代文化及其传统根源进行无止境的穿梭和钻研，并在'流浪'中实现对于他们的批判"[20]。

从上面的分析可以看出，福柯等人致力于对主体进行解构，而哈贝马斯所努力的则是在旧主体的基础上，使其从先验转入实践。哈贝马斯认为不可能对现代性作全盘的否定，并指出福柯的权力轮回理论"只能窒息西方文化的自信心和最后仅剩的一点乌托邦火花"[21]。

柏林商业街的公共艺术，表现男女平等的公共权利。

但台湾中正大学电讯传播研究所的苏彦豪则立足网络空间（Cyberspace），对哈贝马斯公共领域理论展开了批判。由于大众传媒的单方向传播缺陷，媒体本身也就从"传播系统"变成了"不沟通系统"（system of non-communication），这样哈贝马斯公共领域理论就受到了媒体本身的局限。苏彦豪特别引用了学者南希·弗兰斯特（Nancy Fraster）在《再思考公共领域》（"Rethinking the Public Sphere"）一文中的相关论点，质疑公共领域的单一性，认为"在哈贝马斯的观念中，各种意见的对话整合在单一的讨论空间中。然而这种单一性的处理方式，往往对'差异'形成压抑与教条"，所以他主张用"差异、异质的公共空间对抗同质化、普遍化的公共空间，这种多元、异质的反抗形式目的在于创造社会中异质性的新关系，以符合不同社群的需要"。[22] 他也希望以网络公共空间的互动性、参与性、开放性、广泛性、即时性、多面性等特点介入到公共领域理论和实践中。然而，"互联网络既可以给第三世界的社会大众带来福音，也可以为福柯所揭示的'规训社会'、'全景监控'增势，造成'美丽新世界'式的奴役方式"[23]。

看来这真是一场无始无终的叙述。也许就像鲍曼表明的那样，在获得自由的同时，选择也成为我们无法逃离的宿命。而"上帝"、"人"、"作者"死后，真理也不再唯一？那就多些宽容，更加开放、多样，哪怕是对野草。

波伊斯说：人必须向下与动物、植物、大自然，向上和天使、神相互维系、连接。而岛子则认为："这意味着我们必须改变概念实在论的陈旧哲学立场，放弃唯名论的'后现代'术语，利用前现代性、重建现代性、开发后现代性。"[24]

公共艺术就是用一种永恒批判与永恒建构的超越精神介入公共空间，介入公共生活，并引发新的行动力。

曼弗雷德·瓦考宾格（Manfred Wakolbinger）的作品《变形》位于奥地利林茨州立服务中心，铝材，长9.7米，宽1米，高6米，2004年。

坐落在奥地利维也纳犹太广场的拉歇尔·怀特瑞德（Rachel Whiteread）的混凝土和不锈钢作品《怀念》，1996年至2000年。图片提供：奥地利科勒尔施拉克工作室。

由美国艺术家乔纳森·博罗夫斯基（Jonathan Borofsky）制作的21米高的《锤铁人》矗立在德国法兰克福的Messe Turm 大楼（建造时它是欧洲大陆上最高的大楼，成为法兰克福市一个新的象征，但使其成为城市标志的不是这座大楼而是建筑前面的雕塑）。图片提供：奥地利科勒尔施拉克工作室。

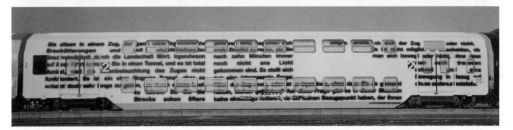

由奥地利科勒尔施拉克工作室策划实施的艺术计划，将奥地利格拉茨开往异地的火车彩绘成流动的公共艺术，2003 年艺术家阿佩尔·塔格维尔科、埃娃·施雷格、埃尔文·乌尔姆、奥托·奇特科、海默·佐伯尼克分别对五列火车头进行了彩绘。图片提供：奥地利科勒尔施拉克工作室。

第四章　艺术的最后一张脸

西方现代艺术自上世纪初发生了翻天覆地的变化，传统的客观世界观被粉碎，艺术的写实性、叙述性等传统的美学观点也几乎被彻底颠覆。"美术"作为"唯美之术"被更为宽泛的"艺术"所取代，传统美术形式、艺术观念被逐个突破。

从野兽派、立体派到构成主义、超现实主义、未来主义，从抽象表现主义和波普艺术到极简艺术和观念艺术，莫不对人类传统的价值观提出质疑。波普艺术打破了艺术的雅俗之分，突破和超越了绘画界限，将绘画延伸到生活的空间。美国波普艺术家奥登伯格说："我曾不断地画画，但我觉得画画太过局限。所以我想抛弃绘画的局限。现在我向另一个方向走，想破坏整个绘画空间的观念。""我不是把它画出来，而是让它变得可触知，把眼睛转译为手指。"[25] 传统绘画和雕塑语言成为各种实验的突破口，艺术与非艺术的界限已经无法从理论上界定。

1991 年刊登在德国报纸上的《包豪斯宣言》，提出了建立新学校的基本理论："整个房屋是一切视觉艺术的最后目的。过去纯艺术的最崇高作用是装饰房屋；它们是伟大建筑不可缺少的组成部分。今天各种艺术孤立存在。建筑师、

毕加索位于鹿特丹的立体主义时期的作品

画家和雕塑家必须重新学习整体房屋的结合性质 …… 艺术家是受颂扬的手工艺人。在少有的灵感时刻，超越了他的有意识愿望，上帝的恩赐可能使他的作品开成艺术之花。但精通手艺，对每个艺术家是必需的。在那里存在着创造性想象力的主要源泉。"[32]

包豪斯学派探索通过艺术家和手工艺人的新统一去创造未来，倡导打破艺术与工艺、艺术与设计之间的边界，其探索历程虽短暂却充满了惊人的革命性。尽管我们对其结果有不同评价，但直到今天我们的艺术和设计仍然潜藏着包豪斯的基因。其开创精神不仅影响了艺术、设计教育，更介入到公共领域，试图"创造出一种新型的社会团体"，进而使这种精神直达大众日常生活的几乎所有领域。因为包豪斯就是要打破工匠和艺术家的界限，超越艺术和设计的藩篱，重整匠人、画家、雕塑家的有机统一，并把这种整合结果运用于建筑、工业设计和我们的现实生活。

如果有人认为"艺术的最后一张脸"是一种耸人听闻的说法，这并不奇怪，只能说明人们对"艺术"的定义和理解有所不同。这也是一个好消息，说明这个破碎的后现代世界还有希望，还可能被某种潜藏的东西串联在一起。

其实"艺术的最后一张脸"涉及对艺术的定义和理解，也涉及"艺术终结"的话题。然而"艺术终结"与否并不重要，重要的是艺术陪伴人类的时间比哲学等理论类的东西还要早得多。而刚刚经过启蒙和新启蒙的人类，怎么会舍得狄奥尼索斯手中那最后一杯美酒？终结的自然会终结，新生的也自然会新生，一个时代艺术的终结，也自然会开启新时代的艺术复活。当然，终结与新生并没有一个明确界限，它更像一个过程。正是在这个过程中，艺术和生活的内涵都在变化，而且是越来越明显的互动变化。通过这种互动，艺术和生活都趋于更加丰富的空间与体验。一方面，艺术在同生活的互动中扩大了自身的概念、丰富了自身的内涵；另一方面，有了这种开放的艺术，生活本身似乎在"上帝之死"后面的时代，重新有了一盏明灯，或者说生活本身就变成了一种明灯，变成了一种开放的、无尽体验。有了这盏明灯和这种体验，生活再也不会从一种褊狭的视角去争论理性与非理性，而是超越偏狭机械的概念，用一种开放的、包容的观念重建新的、更高层次的理性与非理性。同时在变化的生活温床中，艺术也有了更加充足的动力源泉。

总之，这种开放、体验与互动，并不是从绝对意义上抹杀艺术和生活的界限，恰恰相反，正是有了艺术和生活更加深入的互动关系，艺术才更像艺术，生活才更像生活。实际上，如果从一种狭隘的观念去理解艺术和生活，会使艺术和生活的关系变得生硬。于是艺术不像艺术，生活不像生活，而是一种伪艺术和它装扮的伪生活。正是这种装扮的表面性、虚伪性才使我们看不到艺术，也看不到生活，从根本上否定了艺术也否定了生活。

公共艺术的核心价值，就在于它立足于开放的观念，深入发掘艺术和生活的互动关系，并在这种永恒的互动过程中，不断揭掉这些表面的、虚假的、僵化的生活装饰。正是在这个意义上，艺术就是生活，生活就是艺术。

公共艺术其实就是生活与艺术的大舞台。

拉斯维加斯的"天幕"成为城市每天的节日庆典。

2005 年纽约洛克菲勒中心的动态影像装置《城市诗篇》

芝加哥论坛报大厦的广播直播，成为城市文化的一部分，吸引路人驻足。

芝加哥论坛报大厦的外墙是一面流动记录的实物浮雕墙，一面各国历史残片、事件的残留物形成叙事的展墙。

拓展艺术观念：人必须向下与动物、植物、大自然，向上和天使、神相互维系、连接。

——约瑟夫·波伊斯

"'每个人都是艺术家'，这个公式引起过不少的争议，也常被误解，他谈的是社会这个躯体的改造，不止每个人能够，还必然参与它，'如此才能促成快速的转型'。"[27]

1987年7月12日，第8届卡塞尔文献展开幕，波伊斯的儿子在母亲的陪同下，完成了波伊斯种下第7000棵橡树的夙愿，而波伊斯在前一年刚刚离开了这个世界。尽管离开的已经离开，然而波伊斯的7000棵将有800年树龄的橡树却还活在这个世界，还有陪伴在每棵橡树旁边的1.2公尺高的玄武岩。

两棵位于弗里德利卡侬美术馆前的橡树与城市肌体共同生长，一棵为波伊斯在1982年卡塞尔文献展亲手栽种，另一棵为波伊斯逝世后，1987年第7届卡塞尔文献展波伊斯遗孀和他的儿子栽种。图片提供：段海康。

而且作为一种艺术性的"舆论"[28]，这7000棵橡树对社会的"雕塑"作用，其能量还远远没有耗尽，甚至永远也不会耗尽。而社会大众正是在这种无尽的"雕塑"作用下，得以"复活"，得以更多地参与到这个多元化社会的公共空间，得以在公共空间中获得发言权并进行更为平等的对话、探讨。

之所以叫复活，是因为人类初始便有艺术相随。"艺术是人的自然本性的一种表演活动，同时艺术又是紧密地同生活联系在一起的，以致可以说，原始的人类生活本来就带有艺术性，而艺术活动从一开始又是同生活实际活动相互渗透的。至于艺术的表达方式，从一开始也是成为人与人之间、人与自然之间相互沟通和相互理解的主要手段。"[29]然而与人类自然相伴的艺术，却变成了后来封建社会的神圣空间，尽管神圣空间的遗迹成了今天看来几乎是完美的艺术品，然而，"这不是我们所处的社会"[30]。因为在那种社会中，受到约束的不仅是艺术材料和艺术观念，还有思想领域、人与人的关系以及生活的所有方面。这种约束对于今天的生活无疑意味着窒息。

随着启蒙运动和现实主义的兴起，艺术在获得独立性的同时又越来越陷入纯粹理性、精英文化的深渊，艺术背离了生活的本质，成为象牙之塔的供物。经过艺术的社会学转向，艺术再次同自然、同生活共在，并同步发展，而"艺术表达方式所具有的'含糊性'和'象征性'以及'自我再生产性'，不但符合自然世界的基本规律和内在本质，而且也符合人类本身最自然的思考模式和生活方式"[31]。正是这种含糊性、象征性与自我再生产性形成了波伊斯"社会雕塑"的开放性与不确定性，也正是有了这种开放性与不确定性，事件得以持续发生，并永远指向发生的"现在进行时"。这种发生就是艺术的"舆论"。这种艺术的"舆论"不仅复活了大众，也复活了艺术与生活的互动。

南条史生曾说："艺术必须真正存在于人生，也就是人类的日常生活当中，才具有实质意义。"

波伊斯是一个试图将艺术概念不断扩大，试图将传统艺术的静态概念转化为动态概念，将艺术与生活相融合的积极鼓吹者。波伊斯的"社会雕塑"观念与公共艺术的精神内涵是一脉相承的。

正如简·雅各布斯所言："城市设计者们要做的不是试图用艺术来取代生活，而是回到一种既尊重和突出艺术，又尊重和突出生活的思想认识上来：一种阐明和体现生活，同时又能帮助我们认识生活的意义和秩序这样一种战略思想——也就是说，阐明、体现和解释城市的秩序。"[32]

后现代主义，并不是在其结果中的现代主义，而是在其诞生状态中，而且这种诞生状态又是持续不断的。

——利奥塔

工业化社会使城市以"经济"为核心进行建设，"汽车城市模式"使城市的发展沦为机器的奴隶。速度、效率几乎成为唯一选择，于是，快速路、高架桥、工业化、GDP……一切似乎都在增长，然而生态危机、社会危机和文化危机却屡屡爆发，于是人类渐渐清醒并进行多方面的反思。在这种背景之下，相对于现代主义文化的"后现代主义"应运而生。

"后现代主义"泛指的领域极为宽广。从大的社会和文化背景讲，后现代主义是针对现代主义而言的，它标志着对现代主义精英意识和崇高美学的怀疑和反叛。美国后现代主义理论家格里芬曾经说："如果说后现代主义这个词汇在使用的时候刻意从不同的方面找到一个共同之处的话，这个共同点就是它是一种广泛的情绪，而不是共同的教条，是一种认为人类能够、而且必须要超越现代的情绪。"[33]

如果说现代主义是工业文明的产物，那么后现代主义就是信息时代的产物。它所表现出的思维方式带有深深的文化危机感，并具有综合、多元、开放、大众化的特征。与其说它是一个文化流派，毋宁说它是一种文化现象，这种文化现象根植于对工业社会的反思，得益于信息时代的发展和人们生存方式的转变。

美国著名的后现代文艺评论家休依森在他的论著《大界限之后——现代主义、大众文化、后现代主义》中将后现代主义描述为：现代主义＋大众文化＝后现代主义。因此，我们可以说，当代公共艺术作为一种文化现象，在诞生之初就有浓厚的后现代主义文化气质，而在后现代主义的发展过程中双方又有深入的互动关系。在这种互动中当代公共艺术被打上了深深的后现代主义烙印，甚至也可以说当代公共艺术就是后现代主义的传递方式之一，一种能够从容应对古典传统，从容应对现代主义传统，从容面对未来，并直指当下生命关照的当代艺术。正是在这个意义上，公共艺术得以持续发展，并被看成当代文化现象的一种取向。

不管人们对后现代主义采取什么样的不同态度，后现代主义确实已经全面冲击整个西方社会和文化以及生活的结构，特别是影响到人们的精神面貌和生活风格，迫使人们不得不重新思考有关西方社会和文化的各种重大问题。在西方社会和文化发展史上，这可以说是启蒙运动之后最深刻的一次精神革命、思想革命和生活革命。

——高宣扬

如果说现代主义的基本特征是敌视大众的精英文化，是艺术唯我独尊、远离日常生活的世界，强调艺术本身的理念与技能的话，那么，后现代主义恰恰超越了这种机械形而上学的二元对立区分，在实践上取消了精英与大众文化的界限，使纯艺术走出象牙之塔，贴近大众，进入一个更为广阔的文化空间。它给西方艺术带来了转折性变化，艺术大众化的浪潮使艺术家的作品走出画室和博物馆，艺术更多地深入到人们的日常生活中，一个多元开放的文化局面展现出来。

正是公众的广泛参与，使公共艺术成为消解精英和大众文化之间鸿沟的桥梁，而参与的形式恰恰是以公共艺术的"公共性"为前提。艺术家不再躲在工作室的一隅研究某些技术性问题，而是重新强调艺术的现实关怀。装置、行为、表演、复合媒介等仅仅是艺术表达的手段，许多艺术作品和活动与国家的庆典、民众的节日以及大众的日常生活方式联系得越来越紧密。伴随着艺术观念的变化，艺术门类的界线日益模糊，传统的艺术门类学被逐渐淡化，艺术进入更为广阔的开放空间。

正如世界和平熊香港巡展的名字——"熊熊爱心联世界"所示，此次香港展的目的就是要在香港宣扬爱心、和平与团结的信息，以及推动公共艺术。通过为多个慈善机构筹募善款，香港本地艺人和学生参与绘制和平熊图案，以及市民现场体验和媒体宣传，香港的公共艺术得以推动。

和平熊的香港之行，还有一段涉及成龙的故事。那是 2003 年成龙在柏林拍片的时候，看到街头很多不同颜色和图案的彩绘熊，被其可爱形象所吸引，在见到贺立兹博士夫妇（Dr. Klaus Herlitz & Eve Herlitz）后，了解到这些外表可爱漂亮的熊还承载着"各国互相包容，缔造世界和平"的主张，便特别向香港特别行政区政府提议举办和平熊的展览活动。

　　展览时间是 2004 年 5 月 16 日至 6 月 27 日，共有 130 件"世界和平熊"，每天上午 8 时至晚上 10 时，在香港维多利亚公园中央草坪举行，免费供市民参观。这些和平熊由不同国家的艺术家绘制而成，均有不同的含义。主要是用图案隐喻某一国家或地区的文化、形象，传达和平理念。在世界各地的巡展中，和平熊就像是在开一场狂欢舞会，手拉手，肩并肩 …… 这让我们联想到当今社会，虽然两次世界大战和随后的冷战看似成为过去，但真正的和平并没有到来，杀戮仍在继续 …… 无论它是公开还是隐藏。

　　也许和平乌托邦就是一个不断努力的过程。于是带着希望，柏林的世界和平熊出发了 …… 从西向东走遍了大半个地球，并向人们表明只要行动，就有希望。这种看似简单的艺术在不经意之间介入了我们的生活空间，甚至成为我们生活的重要组成部分。

　　所以，这绝不是一个普通意义上的展览活动。

保留在香港的柏林熊

展览结束后，柏林熊被很多机构和私人收藏，这是在柏林中心广场商厦内的柏林熊。

4.5.1 极简的极限

尽管极简主义不属于后现代范畴，但意味着一个艺术时代的终结，同时又是一个新时代艺术孕育的温床。极简主义艺术还同波普艺术、超现实主义艺术有着千丝万缕的联系，至少可以认为它们都含有极简主义的基因。对于大地艺术而言，其作品不仅隐藏着极简主义的因素，其早期的主要成员也正是从极简主义转入到了大地艺术的创作，他们包括海泽、史密森、玛利亚等人。

从表面上看，极简主义成了后现代艺术批判和超越的对象，然而，极简主义艺术却有着不可替代的历史意义。正是极简主义艺术把现代艺术推向了最后的极限，这种推动并不是无的放矢，而是借鉴了杜尚和达达的艺术理念，同时凸现了抽象主义艺术家蒙德里安和俄国构成主义艺术家的某些艺术特点，并进入到一种超级纯粹的抽象艺术语言的探究。这种探究集中表达在美国极简主义的核心代表——罗伯特·莫里斯（Robert Morris）、唐纳德·贾德（Donald Judd）所坚持的"客观"信条中，就是要抛弃任何象征与符号，创作出一种消解了任何情感和生机的纯抽象形式，一种不同与过去的新形式，这

戴维·史密斯（David Smith）是铁匠世家出生，加上工厂焊接的经验，使他的雕塑越来越远离传统雕塑的观念。尤其是 20 世纪 50 年代以来，史密斯抛弃了超现实主义者对现成品的态度，更加强调几何性，并利用现成的机器零件进行加工。其晚期的作品《立方体》和《第一钢琴 3》等，更加趋于将雕塑的造型要素推向极简的方向。史密斯的作品对英国雕塑家卡罗（Anthony Caro）等人产生了极大影响。

种形式致力于打破艺术与工艺之间的隔阂。于是，创造出一个没有任何象征意义的物品，就成了极简主义艺术的追求。其实极简主义艺术家对于艺术和工艺隔阂的打破，以及希望超越艺术和日常生活界限的努力，虽然没有被大众认可，并在极限的边缘代表了一种时代艺术的没落，但是，它在艺术专业领域却成为一道几乎是不可绕开的风景线，这正是极简主义艺术对包括大地艺术在内的人类艺术的贡献。

亚历山大·考尔德（Alexander Calder）是著名的活动雕塑家，世界上很多城市的公共空间都有他规模宏大的固定雕塑和风动雕塑。他为现代雕塑注入了动感因素，其作品在气流的作用下翻转旋转，简洁的形体配合鲜明的色彩活跃了空间气氛。来自大自然的空气流动有着无尽的偶然性与可能性，这种可能性通过艺术家的独特设计诱导而来，具有了超越单纯自然空间的意味。图为考尔德位于巴黎拉德芳斯的作品。

亚历山大·利伯曼（Alexander Liberman）的这件名为《誓约》的作品，位于费城宾州大学校园入口，之所以叫《誓约》，也许是提醒人们学术研究的独立性与神圣性吧。巨大的钢管经过简单的焊接，并被刷上醒目的红漆，成为现代社会都市环境中的精神意象。在这件作品中极简的造型似乎转到社会学方向。

埃尔斯沃思·凯利（Ellsworth Kelly）被称为后抽象画家，在绘画中几乎有着尖锐的几何轮廓和毫无瑕疵的色彩。这种明快的形式感在转化成雕塑之后，引起了公众和专业界的热烈反响。或许现代的某些环境就需要这种"少而多"的刺激？！图为凯利在巴塞罗那的作品局部。

弗朗索瓦·莫雷莱（Francois Morellet）位于巴黎拉德芳斯广场的作品

肯尼思·斯内尔森（Kenneth Snelson）位于华盛顿现代艺术馆前的作品，1974年。（右图）

巨大的钢铁结构、巧妙设计的非机械动力的运动以及常常是刺激夺目的色彩等等这些带有浓厚工业味道的大型雕塑是艺术家马克·迪·苏维洛（Mark de Suvero）的惯用手法，还有在雕塑中经常出现的光波意象等等，似乎是用视觉艺术风景再造了一个重工业社会的图像。图为苏维洛位于旧金山林肯公园的作品。

4.5.2　波普的话语

我追求一种艺术，它自由生长而全然不知自身是一种艺术，一种从零为起点的艺术。

——克莱斯·奥登伯格（Claes Oldenburg）

尽管后现代艺术与大众文化有着深刻的互动关系，然而后现代艺术并不能够完全等同与大众文化，大众文化的发展既是后现代主义实践活动的强大推动力，又是后现代主义发展的一个副产品。大众文化除了其正面意义的无限活力和反面意义的盲目性外，更主要的一个特征就是大众文化往往会受到统治势力的宰制。这种活力与被宰制的状况恰恰类似于站在后现代艺术风口浪尖上的波普艺术的状况。

波普艺术在其诞生初始作为对抽象表现主义的叛逆，展现了无限的活力。代表人物劳森伯格受到约翰·凯奇的影响，试图抹平艺术与生活的区别。波普艺术的诉求重点是以被轻视或鄙视的俗物为艺术的对象，号称艺术就是生活，生活就是艺术。对于波普艺术的创作而言，日常生活物品既是描绘题材，又是创作材料。复制、挪用，不动声色地消

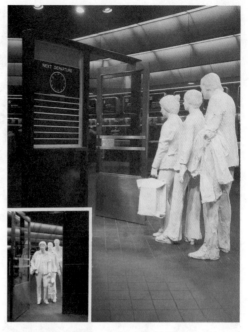

克莱斯·奥登伯格位于费城中心广场地铁出入口的《大衣夹》(创作于 1976 年),把人们熟悉的日常用品放大,令观者匪夷所思。此作品已是费城的象征,用这么个夹子作为一个城市中的纪念物,除了体现出对生活的尊重,也有对过去的艺术准则的辛辣讽刺。

乔治·西格尔(George Segal)的作品总是游走在生活真实与艺术真实的边缘,优美的形式语言呈现出现实场景却又令人震惊。图为西格尔创作的位于纽约长途汽车终点站波特·奥索里蒂站二层站台走廊里的作品。

除个性与情感,重复生活中的那种单调与无聊,传达都市繁华背后的冷漠、空虚与疏离······所有这些无疑是对高雅艺术的反叛,在效果上也是一幅当时社会绝妙的反讽肖像。然而包括汉密尔顿作品在内的波普艺术似乎更能体现波普的本质,因为波普艺术并非要对社会进行讽刺或对抗,只是降低了自身的姿态进行社会生活的考察而已。所以这种反叛与反讽的效果,在无所不在的商业社会的巨网中,在一种温暖、甜蜜的气氛中,不知不觉地屈从于商业价值的诱惑,成为"异己媒介"(货币)的占有物。正是在这种商业媒介网络与大众的共谋之下,现代艺术渐渐远离了反思的能力。这种趋势在当今互联网高速发展所带来的双刃剑效应之下,得以强化。

波普艺术的这种发展趋势对于公共艺术而言,恰恰有着极大的反思意义。其实公共艺术正是在对这种商业化网络空间的权力的追问中,不断实现着自己的艺术企图和体现着自己特有的生命力。

罗伊·利希滕斯坦（Roy Lichtenstein）以点、线和平涂的描绘手法从最平常不过的卡通连环画和广告中提取素材。

位于巴塞罗那的利希滕斯坦作品《伊莎贝拉女王像》沿用了点状图案与平面语言的对比，追求大众媒体图像粗糙的视觉力量。

图为乔治·西格尔为华盛顿罗斯福纪念公园所做的几组作品之一，再现了美国经济大萧条时领取救济食物排队的悲凉景象。作品建成后，成为游人互动留影的场景。

4.5.3 原始野性与大地艺术

大地艺术是在极简主义和抽象表现主义等西方现代派艺术进入死胡同之后的一种社会学转向。不同于波普艺术和欧洲新现实主义对人和社会的关照，大地艺术在最初的 20 世纪六七十年代关照的重点是自然的神秘和神圣性，以及对于时空近乎痴迷的思考，还有对生态环境和工业社会无限膨胀欲求之间矛盾的追问。而在 80 年代以后，大地艺术在逐渐成熟的过程中开始更加关照历史和人生的境况。

在大地艺术发展的进程里，极简艺术的基因以及观念和行为艺术的理念经常浮现在它的实践中。可以说大地艺术不仅介入空间，而且本身就是一种扩大了的空间；不仅扩大了对空间的感知，而且其自身作为事件的舞台，激发了更多的后续行为；这种行为既是艺术本身的零件，又是生活中不可或缺的有机组成。在绝大多数大地艺术家看来，艺术与生活或艺术与自然是一种平等的互动关系，而不是有着截然的界限。正是这种界限的隐退或不确定性，赋予了艺术强大的生命力和可持续发展性。公共艺术在很大程度上就是顺应了现当代艺术的这种发展轨迹，介入空间，介入生活，并在生活中直面更多的新的可能性，同时又以一种几乎是亘古不变的原始性与当下对话，从而使艺术和生活的体验都进入到一种更为丰富的阶段。

克里斯托和珍妮·克劳德的《包裹海岸》（1970）、史密森的《螺旋形防波堤》（1970）、海泽的《双重否定》（1969—1970）、德·玛利亚的《闪电的原野》（1977）等等，成为大地艺术早期的主要代表。

大地艺术家罗伯特·史密森（Robert Smithson）选择美国西部盐湖的湖滩营造了长 457 米、宽 4.6 米的巨大作品《螺旋形防波堤》，对于史密森而言，这种回归式的追问显示了生态环境与工业社会欲望的不平衡状态。

德·玛利亚所说的"土壤不仅应被看见，而且应被思考"可以看做是大地艺术关注自然因素的宣言。在大地艺术中，土壤、石头、木头、冰雪、砂石、时间甚至电闪雷鸣都成为艺术家常用的材料。沙漠、森林、农场或工业废墟，成为艺术家关注解读的对象。这是大地艺术革新传统艺术概念的重要标志之一。玛利亚的代表作品是位于新墨西哥州一个沙漠里的《闪电的原野》（*Lighting Field*），艺术家在那里用 400 根不锈钢杆进行有序排列，组成一个巨大的杆阵，它们的高度依据地形的高低从 4.57 米到 7.92 米不等。在这块时常出现雷电风暴的原野中，每根钢杆都可作为避雷装置，从而在夏季把天空的雷电引入到特

德·玛利亚的《闪电的原野》
远远突破了传统艺术的空间概
念，进入到一种膜拜自然的宇宙
本体。

定的荒原地面。它强调了自然界特定时间段——闪电来临之际的壮丽观景，以及这种景象
背后隐藏的人类对于大自然力量的敬畏与赞美。每天一早一晚，钢杆都反射太阳的光芒，
形成一种精确的工业技术特征，又与自然景观形成鲜明对照。

　　在大地艺术的后期发展中，更多的诉求重点被放在了对历史和人生的关照。如玛利亚
的《五大洲雕塑》（1987—1988）、海泽的《综合体 2》（1988）、克里斯托和珍妮·克劳德的
《伞》（1984—1991）等作品都属这一类型。

　　总之，大地艺术试图打破艺术与生活的界限，追求艺术材料的平等性与无限可能性。
同时反对艺术的商业化，尤其是反对艺术成为少数人独享的特权，并促使人们参与到大地
艺术中，尽管这是一种脱离实用意义的参与。

　　与以往的艺术相比，大地艺术完全超越了一般艺术的表现形式，主要表现在对宇宙、
自然因素的关注，以自然因素为创作的首要选择方向，艺术品不再是安放在展场或景观环
境中，自然本身已经成为艺术或艺术的组成部分。

迈克尔·海泽（Michael Heizer）的《置换-替代》，也许是不满商业社会中艺术被宰制和规划的现状，海泽的大地艺术作品往往带有一种原始的野性与神秘，而这种野性、神秘又恰恰呼应着波伊斯的拓展艺术观念。这种回归式的执着的空间追问，远远超越了一件作品对于正负空间对应的诉求，并在一种隐藏的禅意中，把雕塑的概念扩大成整个时空艺术来关照。这种理性观照在海泽晚期的作品中则变成了一种历史与人生的思考。

海泽在洛杉矶某银行大厦前厅的作品，把宇宙和地球抽象成几何形体，与地铺及建筑的内庭空间构成一个体验空间。

4.5.4 卡拉万的越位

20世纪艺术发展的进程中，一个非常有趣的现象是艺术和设计的互相融合，艺术往往通过设计的手段而得以实施。雕塑家和建筑家的角色互动、互换就是这种融合的表现。一方面，建筑、景观的设计者试图从经济的宰制和束缚中解放出来，重新返回艺术表现的出发点，如弗兰克·盖里、圣地亚哥·卡拉特拉瓦等人便创造出了巨大雕塑形态的城市构筑物。另一方面，雕塑家有意打破单体作品的创作概念，试图走出个人化的艺术表现方式，进入到了一种与城市环境密切相关的空间进行创作，从而使作品在原来基础上获得了城市机能，换言之，雕塑家的作品不仅介入空间，而且作品本身就成为空间。

对于达尼·卡拉万（Dani Karavan）而言，其作品本身不仅是空间，而且周围环境也因作品的存在而呈现一种新的空间意义。卡拉万的第一个基于场域精神的环境雕塑采用的就是这种空间处理模式，作品创作于1963年至1968年，是一个面积达一万平方米的纪念碑，就像一个巨大的水泥雕塑村庄，盘踞在沙漠的旷野中。无论是白天的阳光、夜晚的星辰，还是风、水、植物以及这个地方特有的历史记忆都被纳入到雕塑的视野之中。这就是卡拉万雕塑体现的一种创造性的空间观念。

在卡拉万的一些作品中，甚至把城市规划作为造型加以研究和创作。创作于1989年

达尼·卡拉万的这组作品位于科隆大教堂后面，从美术馆直抵莱茵河畔公园。一根铁轨从教堂延伸到塔型构筑体，另一根铁轨从"靶"型地铺沿莱茵河防波堤而下，消失在河畔公园中。

至 1993 年的《人权之路》，就是卡拉万用这种新的雕塑概念在德国打造的整个街区的景观。作品连接着博物馆建筑的新旧两部分，系列的白色方柱沿整个街道有序延伸，直到尽头的橡树。每个方柱上都刻着《人权宣言》，用德文以及另一个曾被歧视的民族的语言。

4.5.5 被包裹的柏林议会大厦

如果说大地艺术是基于人类对日益脆弱的自然生态发出的艺术化的警告，那么，我们也可以认为克里斯托与珍妮·克劳德（Christo and Jeanne Claude）的《包裹柏林议会大厦》，是对德国特有的社会生态提出的挑战，是在向人们的视觉习惯挑战，挑战视觉，进而改变思想观念，不仅改变艺术观念，更要改变看似保守刻板德国人的社会观念。在长达24 年的时间内，他们反复申请，反复遭到拒绝，甚至动用最高级别的听证会，经过激烈辩论，最终包裹计划得以通过，并于 1995 年 6 月在柏林实施。

克里斯托与珍妮·克劳德的《包裹柏林议会大厦》计划草图

这是一个规模庞大、超级复杂，却又超级成功的行为艺术。无论是从艺术、社会还是商业角度，都堪称绝妙。大地艺术所追求的大部分理念如打破艺术与生活的界限，走出美术馆，反对艺术商业化，注重人们的参与与体验等等，在包裹方案中几乎都得以完美实现。不同于一般大地艺术致力于挖掘人与自然生态的特殊互动关系，议会大厦的包裹计划则专注社会生态的改造。长年的申请本身就是一个艺术过程，而且这不仅仅是关乎艺术家本人

1995 年，90 名登山者、120 名安装工人参与了包裹工程，14 天后拆除，此后多年，包裹工程一直被认为是柏林最为重大的文化事件之一。

《包裹柏林议会大厦》成为全民的庆典节日，短短的 14 天吸引了数百万人前来目睹这一壮观景象。

的过程。因为通过申请，当代艺术的精神得以有效地向大众传播，加上社会的反馈，艺术就和大众、生活产生了深刻的互动关系，在这种互动过程中，艺术家运用了策略的手段潜移默化地颠覆了大众固有的价值观。尽管包裹之后的议会大厦仅仅展出了半个月的时间，而且展出之后所有的包裹布料均被处理，以防流入商业渠道，但其成功却是不言而喻的。

这正是艺术家的高明之处，拒绝销售作品，却又为整个城市额外增加了一个全民的庆典节日，接待了全球观光客达 400 多万人，这样庞大的旅游指标当然意味着整个城市经济的大幅提升。当然，艺术家的诉求重点还是社会的影响和人们的参与。对于当时统一不满 5 周年的德国而言，能以如此包容的心态，在一个国家象征的中心，接受这样一个几乎有点搞怪的艺术，自然会有极大的社会反响，而在反响过后，留下的是人们对柏林整个城市的美妙印象。

在包裹工程现场，有记者、市民、远道而来的观光客，还有露营、歌声、眼泪、依恋 …… 有人将自身包裹，有商店将橱窗里的商品包裹 …… 整个城市就像被施了魔法，进入了全面的狂欢。狂欢之中的柏林空间，就像沉浸在欢愉时刻的男女，空间的无限浓缩与无限扩展几乎是同时展现。而在空间的浓缩与扩展之间，即使是陌生的人们似乎也真切地触摸到了对方的心跳。

与其说这是一个作品，毋宁说是一个文化事件，即使在多年以后，人们也会记得1995年在柏林发生的这一重要文化事件。它以极大的魅力影响了人们的视觉习惯，颠覆了德国民众的价值体系，同时又为柏林带来了大笔的旅游收入，为德国赢得了文化赞誉。

这是一个"共在"时刻，一个"共在"空间，也是一个公共艺术经典案例带来的公共空间。

奥登伯格的工作使他成为美国20世纪60年代波普艺术家当中最激进、最具有创造力的一个。他把30米高的棒球棒竖立在街头，钢材构成的空心家伙丧失了运动感，却形成一种隐约的威胁。细细端详，威胁的背后不乏幽默，这才是艺术的魔力所在。

4.5.6 奥登伯格的世俗丰碑

这些放置在城市中的雕塑被当作碰撞城市的东西来对待。

——克莱斯·奥登伯格

无论是费城擎天的"大衣夹"，还是巴黎拉维特公园里被"遗弃的自行车"，以及巴

奥登伯格创作的位
于巴黎拉维特公园
的摊散的自行车成
为孩子们的乐园。

图为奥登伯格在巴
塞罗那一个十字路
口的作品《纸火柴》。

塞罗那的火柴、纽约的熨衣板，甚至调侃华盛顿纪念碑但未被实施的大剪刀，所有这一切
都有着公共的世俗用品的特点，却又以超大的尺寸把人们带到了魔幻空间。这是艺术家的
幽默、反讽、挑战，还是有意的平民化企图？这些问题并不重要，重要的是对话，一种无
止境的公众对话，正如奥登伯格所言："刚开始是泛泛的观点，然后人们的反应会有些微

妙的区别。我们不是复制我们使用的东西，我们试图做一些改变，并希望人们观看它们时，它们会继续发生变化。对我们而言，无止境的公众对话——视觉对话——是非常重要的。"

正是在这种微妙的区别和逐渐的变化中，公众对话得以实现，空间的性质得以改变。艺术，神圣的高高在上的纪念碑坠入人间，于是公共空间变成了市民的乐园。正是这种转变使没有生命的日常生活俗物，幻化成了气势磅礴却又极富魔幻快感的可爱玩具。同时也正是这种魔幻快感消解了传统雕塑的神圣感，并成就了一种场所化的建筑性雕塑。场所，在这里是市民日常生活的场所。

4.5.7 媒介传播与公共艺术

艺术不是一种少数人所欣赏而保留的精英活动，而是为每一个人的，这是我不断工作的终极目标。一位真正的艺术家仅仅是一个媒介。

——肯斯·哈林

被称为涂鸦之父的肯斯·哈林（Keith Haring）也许是后现代艺术碎片中最具超越气质的一位艺术家。超越不仅是因为他的艺术图像扩展了大众主义观念，涉及了壁画、雕塑、印刷品、T恤衫等，也不仅因为这些图像遍布地铁墙壁、城市角落、招贴等等，更是因为他的艺术超越了高雅、流行和民间艺术的界限，并以极为质朴和原始有力的信念占据了三者之间的领地。

在哈林魔幻似的图像中，孩童、恶狗、十字、性器、金字塔、太空船、同性恋，还有电脑、飞碟、图腾、心脏、美元……所有这些符号化的语言都在诉说着信息危机时代中的忧虑、安乐、欲望、压抑和希望。艺术家本人则以一种超现实的经历，在创作过程中全身心地沉浸在神秘的艺术世界，既显示出一种原始的泛神信仰，却又用它那特有的光环昭示着当下的世界，同时昭示一种在骚动怪异的面纱下埋藏着的激越、清澈和率直的感觉。正是这种激越、清澈和率直穿越了孩童的天真与成人的深刻，触及了生之绚烂与死之凄美，连接了古荒原始与当下繁华都市。也正是这种穿越成就了哈林独特的艺术追问与反思，成就了哈林的艺术魅力，同时这种魅力与反思又关切着每一个生于此地的人们。

哈林就是这种关切过程中的一个媒介，是艺术家媒介。

肯斯·哈林从街头的涂鸦客成为著名艺术家，源于其颠覆了传统艺术观念的"艺术家仅仅是媒介"的理念，图为哈林位于纽约的公共艺术作品。

艺术家亚历山大·什莫朵夫和达尼埃尔·比朗在巴黎拉维特公园的竹园中设计的声音作品《电子青蛙》，由12个声音模组组成，它们通过感应系统感知环境的温度、湿度以及人群介入的变化，发出大小不同的青蛙鸣叫。

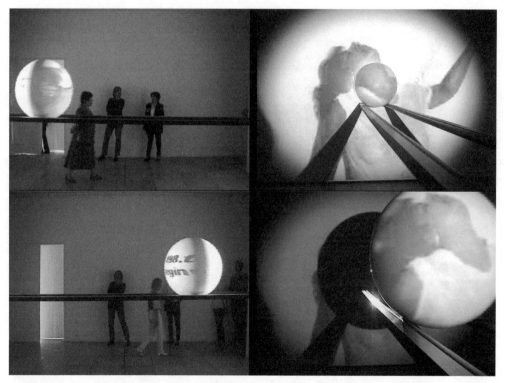

法国艺术家托尼·布朗的互动影像装置作品将投影与互联网网页连接，世界各地的网民点击网页的变化可同步在作品中显现。

丹尼尔·布伦（Daniel Buren）是法国家喻户晓的当代艺术家，他的名字曾与巴黎王宫《布伦柱》紧密联系在一起。他把拥有50万读者的《解放报》当作他的作品，购买了2002年7月5日法国《解放报》的50多万读者发现往日报头上象征左派的红色菱形图案不见了，每版每栏的大块文字下交替出现了宽度相等而高度不一的淡绿色"条带"。这一天的报纸成了布伦引入独有的"视觉工具"——宽度为8.7厘米的"条纹"所创作的作品。

4.5.8 蔡国强火药的狂欢

旅美艺术家蔡国强由于成功地将火药运用在艺术创作上，而被称为"蔡国强旋风"，这股由于爆炸而刮起的"旋风"，似乎和受众没有什么互动关系，却在更深的层次上触及了艺术的古义。其作品包括1993年在嘉峪关实施的"万里长城"延长1万米计划，2001年为上海亚太经合组织会议策划的多媒体大型景观艺术焰火表演，以及"9.11"之后在纽约中央公园的《移动彩虹和光轮》，还有2006年在泉州中国闽台缘博物馆的《同文同种同根生》等等。即使不谈艺术的古义，蔡国强的爆炸也足以构成"火药的狂欢"。正是这种狂欢的性质使蔡国强的爆炸在"此时此地"抛弃了单纯的审美，迎来了"包括审美在内的人的感悟、

左图：2005年中美文化年蔡国强在肯尼迪表演艺术中心的作品《龙卷风》。
右图：无论是超现实主义还是"神话"风格，以及对抽象图案的运用，米罗（Joan Miro）的雕塑都以一种不可思议的魅力打动着观者。在他的作品中，粗俗、精美、恐怖、幽默、轻松、原始、现代……所有的一切人为的理性界限都消失了，只留有当下米罗式的魔幻的现实世界。这正是米罗作品作为公共艺术大受欢迎的原因。图为米罗在巴黎拉德芳斯广场的作品。

想象活动"，迎来了"已经断绝的'艺术'古义"，"在古义之中，艺术是将自然界和人间作为一个整体，进而观照，而变现出的特别形式"（朱青生语）。

如果有人称蔡国强的爆炸是乱搞，而不是艺术，很可能是把艺术仅仅定位在传统美学的终结之处，而且还不是中国的古代传统美学，而是西方近现代的美学形而上学，诸如审美的纯粹性、自律性等等。

塞萨尔（Cezar）在巴黎拉德芳斯广场的超写实铸铜雕塑《大拇指》，高12米。

塔基斯（Takis）在巴黎拉德芳斯广场的作品《水镜面上的信号灯》，在60米长的水面上安置了49个信号灯，不同大小、形状的信号灯以不同的节奏闪烁。

爱德华多·奇里达（Eduardo Chillida）的系列作品常用一种巨大的钢或水泥结构的手，似乎要在空中抓住只可感知而不可触摸的空间。这种对空间所进行的几乎是极端的思考，某种意义上恰恰把这种纯粹的物理空间，转到了社会学的方向。图为奇里达位于柏林政府建筑前广场的作品。

巴塞罗那伊卡利亚大街上绵延数百米的钢木"行道树"，是由艺术家恩里克·米拉莱斯（Enlic Miralles）设计的，在带来令人惊奇的视觉感受的同时，也为人们提供了休闲避雨、等候巴士等实用功能。

彼得·莱斯（Peter Rice）和保罗·安德鲁（Paul Andreu）的《云》，悬挂在巴黎拉德芳斯新凯旋门上，成为巴黎轴线终端的节点景观。

《云》局部

丹尼斯·奥本海姆（Dennis Oppenheim）位于赫尔辛基新区居民区的作品，作品上方的彩色灯光在夜晚营造出很强的艺术氛围，又兼具使用功能。

哈里·贝尔托亚（Harry Bertoia）位于芝加哥市标准石油国际公司总部大楼的《发声的雕塑》，1975年创作。

乔纳森·博罗夫斯基（Jonathan Borofsky）1983年的大型装置艺术展，综合运用了音乐、音效、朗诵、录像、表演、绘画、雕塑等媒介。

博罗夫斯基作品《分子人2+2》，位于洛杉矶美国联邦大厦大众服务行政委员会大楼前。（右图）

第五章　公共的公共艺术

5.1.1 依附在建筑物上的艺术

我们今天所解读的公共艺术概念是从"Public Art"一词直译而来的，是"公共"和"艺术"联结而来的复合词，城市"公共艺术"更多地指向一个由西方发达国家发展演变的、强调艺术的公益性和文化福利，通过国家、城市权力和立法机制建置而产生的文化政策。

这种文化政策在西方国家早期的体现形式更多的是依附在建筑上的装饰艺术，近现代城市美化运动和城市文化与公众文化的新需求则促进了这一文化政策的范围和内涵的发展与流变。

纵观欧洲的历史传统，建筑与雕塑一直是不可分割的孪生兄弟，"建筑物艺术"的政策由来已久。德国魏玛共和时期（1918—1933），共和国宪法明确规定：国家必须通过艺术教育、美术馆体系、展览机构等去保护和培植艺术。政府将"培植艺术"列入宪法，用意是帮助第一次大战后陷入贫苦境遇的艺术家们。魏玛共和国在1928年首度宣布，让艺术家参与公共建筑物的创作，此政策使艺术家能够参与空间的美化等公共事务。20世纪20年代，汉堡市也推行了赞助艺术家的政策，通过公共建筑计划措施帮助自由创作的艺术家有机会从事建筑物雕塑和壁画创作，以度过当时的全球经济危机。

德国汉堡市"建筑物艺术"的设置和执行具有悠久传统，这里的户外艺术最早可追溯到中世纪，数百年来，汉堡的城市面貌不只是受益于建筑物和城市规划，同时户外艺术也为城市面貌注入了活力。此三者成为汉堡市城市

柏林议会大厦

发展的助推器。汉堡市的建筑物、城市规划和户外艺术既是城市发展的形象需求，也是市民的自觉要求，更是城市形象的名片，透过古迹和城市艺术品，人们可以重新审视这个城市的精神面貌。

二战后，在艺术团体的压力下，政府于 1952 年开始执行"建筑物艺术"（Kunst am Bau）的政策，规定至少百分之一的公共建筑经费用于设置艺术品。

5.1.2 城市美化运动

1820 年以前，巴塞罗那是一个缺少公共空间的城市，公共空间中的艺术品更是凤毛麟角。市民对公共空间艺术的需求最终引发了 1860 年《赛尔达规划案》（*Plan de Cerda*）的实施。

巴塞罗那经改造完成了棋盘式城市布局，初现现代都市格局，相应的公共空间尤其是公共空间艺术品的匮乏日益突显。为了迎接 1888 年巴塞罗那市第一次举办万国博览会，巴市加快了城市美化的步伐，1880 年巴塞罗那通过《裴塞拉案》（*Proyecto Baixeras*），从国家的利益出发，指出建筑具有政治利益，所有的公共建筑物具有代表国家（地方）形象的作用，让民众欣喜，让商业兴隆，让人民引以为荣。在这种意识的主导下，城市注重地方

建筑师埃里奥·毕纽恩、阿尔伯特·维阿普拉纳与雕塑家约瑟·维拉德马特合作的共和国广场，是为纪念 1931 年成立第二共和国而建的，巴塞罗那有很多记录历史的纪念体。

形象，开始大量从事文化建设，其中重要手段就是在城市公共空间设置艺术品，而衍生出来的文化政策相继出笼。这个法案最终促成了巴塞罗那的公共空间及雕塑品创作的第一个高峰期，奠定了巴塞罗那艺术之城的基础。

同时期美国首都华盛顿1900年迎来建城百年纪念活动，以此为契机提出了城市改造规划。它使众多市民对公共设施发生了兴趣，城市面貌成了热门话题。由此发起的"美化城市运动"试图在城市人群中建立起归属感和自豪感，使普通人的道德观念良性发展，他们向欧洲学习，将艺术植入城市肌体，大大提升了城市的文化形象。

5.1.3 "百分比艺术"登场

在1927年的华盛顿联邦三角区项目中，邮政部大楼建筑预算的2%划分给了装饰它的雕塑，司法部花费28万美元用于艺术装饰，国家档案馆亦为艺术品花费了预算的4%，这些项目开启了公共艺术百分比政策的先河。

美国华盛顿特区最高法院的建筑浮雕，是用"建筑物艺术"经费建造的。

美国政府在它的建设预算中调拨一部分经费用于艺术品并不是新生事物，在"建筑物艺术"的时代，建筑师和艺术家们设计的建筑装饰，如浮雕、壁画被认为是建筑物必需的附属品。但上述三个项目的艺术品超越了建筑附属品的范围，成为"百分比艺术"政策的试金石。

快速发展的 20 年代，为联邦建筑物所购买的艺术品被视为经典设计的必要组成部分。从公共艺术政策的角度看，"百分比艺术"的概念可以追溯到 1933 年罗斯福总统推行的"新政"和财政部的《绘画与雕塑条例》（始于 1934 年），条例规定联邦建设费用划分出大约百分之一用于新建筑的艺术装饰。

1933 年，罗斯福总统推行"新政"，由政府出面组建"公共设施的艺术项目"机构，请艺术家为国家公共建筑物、设施、环境空间创作艺术品，这项由 WPA（Works Progress Adminstration）主持的联邦艺术方案，可以看做国家公共艺术政策的雏形。

二次大战后，随着美国国力的增强，大批艺术家定居美国，使美国成为世界现代艺术的中心，国家政治、经济、文化的发展，提高了人们对生活品质的需求。1954 年美国最高法院宣告：国家建设应该实质与精神兼顾，要注意美学，创造更宏观的福利。这项具有前瞻性的宣言真正将公共艺术纳入到城市的整体需求之中，提升了公共艺术的城市职能。

华盛顿纪念碑

林肯纪念堂的林肯纪念像

在经济大萧条的时代，《绘画与雕塑条例》作为财政条例拓展了建筑物艺术的外延。这部条例在保证公共建筑上设置高品质艺术品的同时，也致力于提高国人的艺术品位，通过设置竞赛、投标，为默默无闻的艺术家提供一个被世人认识的途径。在实际操作中，为了让最终结果取悦于当地社区，这类投标经常提供一个具体的情节、主题。这种操作方式使评委们更看重现实主义风格。这部条例强调可识别的地方性主题，希望在底层人民中激发基于民主精神的艺术品位。

5.2.1 美国：法律保障下的"艺术为人民服务"

美国财政部的《绘画与雕塑条例》不同于"新政"项目，因为它与救济和创造就业无关。它本质上继续了美国政府美化自己公共建筑的努力，但艺术家的选择由试图鼓励和推广本土艺术发展的专家委员会主持，而不是负责工程的建筑师来决定，因此公共艺术逐渐脱离建筑物的附属品而走向独立发展的轨道上。

1953 年，汉堡市借"户外雕塑展"发展出和传统的艺术家赞助方式相衔接的新艺术家赞助计划。

这个展览是德国战后第一次大型雕塑展，被称为文献展的前身，诸多现

硫磺岛战役纪念碑

代艺术大师亮相展场，汉堡市至今还拥有绝大部分当时买下的艺术作品。这个展览后，汉堡市每隔十年左右都会举办一次大型的公共艺术展。公共艺术成为汉堡规划市容的重要根据，也是汉堡市文化政策的重点。汉堡文化部内设有专司公共艺术的部门，负责执行大型或单一的公共艺术案件。

美国联邦政府公共事业部（General Services Administration，专管建筑建材的联邦机构，简称 GSA），有将每个工程的 1.5% 预算拨给雕塑和壁画装饰的详细规定。从审美的角度，GSA 的政策把艺术当成实用型装饰，比如在一栋楼上画幅壁画会使社区的一段历史成为不

纽约的建筑壁画，纽约有一个"城市之墙"组织，专门从事城市建筑外墙公共艺术资助工作。

朽，又如一件雕塑让人愉悦，但又不干扰建筑的整体设计理念。

1959 年，费城批准了 1% 的建筑经费用于艺术的条例，成为美国第一个通过"百分比艺术"条例的城市。此条例将费城再开发部门的一个现存政策编订入册，即从 50 年代末开始，在改建修复的项目合同中一直包括了一个附属规定，要求不少于百分之一的建筑预算拨给艺术。这个合同所指的艺术是宽泛定义的艺术，除雕塑与壁画外，艺术也包括一系列附属设施，如地基、墙面质感、马赛克、水池、柱子、栏杆、地面图案等。它的发起者——再开发部主席莫斯契茨科（Michael von Moschzisker）认为，这个计划赋予公共空间以个性化标识，其经费既不是给艺术家的特殊利益，也不是给现代艺术的补助，而是用于强化费城市区个性的符合公共利益的项目。

这个由于艺术家协会的努力游说而建立的市政条例，使百分比的规定扩展到办公室、桥梁、广场等公共设施，艺术的类别也包括了浮雕、彩色玻璃、喷泉以及壁画和雕塑。

1964 年，巴尔的摩继费城之后，制定了地区性"百分比艺术"政策。和费城一样，巴

费城富兰克林艺术大道上的喷泉雕塑

费城交通中心的壁画

费城交通中心的公共艺术

尔的摩的法规也是由艺术家协会发起并促成的，但它的理念远远超出了艺术家的圈子，市议员多纳德·契弗（William Donald Schaefer，后任巴尔的摩市长和马里兰州州长）致力于推动该法案，认为它对城市的发展至关重要。他将之描绘成一个城市在审美上是否出众的标尺："新建设的艺术基金的问题并非是我们是否可以负担得起艺术，而是我们是否可以承受没有艺术……是雕塑、绘画、马赛克和喷泉的艺术形式为死气沉沉的新建筑增添了吸引人的活力，人是城市的生命力。"

1967 年，旧金山也接受了百分比艺术法案。旧金山的公共艺术计划力求通过建设具有多样化、激励性的文化环境来提升市民、观光者的生活品质。

对于每一个公共艺术工程，旧金山公共艺术计划都鼓励艺术家、设计师、官方及社区成员之间的相互协作、共同创造，以便形成独具特色和蕴意深刻的公共艺术作品，这种特色和意蕴无论是对工程所在地还是对周边社区都极为重要。

由此，"百分比艺术"政策在美国得以广泛推广，一系列城市纷纷采用，州政府也欣然接受了"百分比艺术"的政策，1967 年夏威夷首先开始，1974 年华盛顿州继之，其他

左图：马克·夏加尔（Marc Chagall）的《四季》，位于芝加哥第一国民银行后面的公共广场，用大理石和马赛克镶嵌而成。童话般的世界中，天空、山峦、河流、树木、人物……一切形象的组合既独具匠心，又随心所欲，一切都显得那么纯净、和谐又气势恢宏，亦真亦幻，用作者自己的评价是"心理的写实"。他描绘的不是物体的外观形象，而是心理感受的世界，所以突破了时空的局限，而呈现了一个景观乐园的百宝箱。这样临街休憩的人们当然会随之神游，放松身心。夏加尔似乎也通过独创达到了公共性。

右图：位于旧金山钓鱼者码头的《天门》，是罗杰·巴尔（Roger Barr）1985 年使用拉丝不锈钢制作的作品。

《旋转的双 L》（1982 年）作者乔治·里奇（George Rickey）是"动态艺术运动"的引领者,同时是"构成主义"艺术家。混凝土基座上树立着两个随风旋转的 L 造型，放置于贝聿铭设计的旧金山公共图书馆旁。

马瑞尔·卡斯塔内斯（Muriel Castanis）放置在旧金山加利福尼亚大街 580 号建筑顶部的 12 件作品的其中 3 件。

很多州也在 70 年代末和 80 年代加入其中。

　　1962 年 5 月，随着政府办公空间委员会建议的公布，肯尼迪政府鲜明地重新调整了政府对建筑的态度。1961 年秋，组建了以劳动部长阿特赫·高登伯格（Arthur Goldberg）为主席的委员会，探讨公认为平庸的联邦政府办公楼设计的解决办法。在最终的报告中，特别部分《联邦建筑物的指导方针》指出了先前政策的缺失，并提出要以重视质量的新态度对待建筑。这一方针将直接促进公共建筑上的艺术的繁荣。以尊严、自由、进取、活力、稳定等理想为前提，此指导方针提出应重新赋予政府建筑以活力，并通过三点建筑方针：（1）出众的建筑设计应该出自最优秀的美国建筑师之手；（2）不允许发展成一种统一的官方风格；（3）注意建筑外观与环境的协调。

　　过去保守的联邦委托体系造成了僵化的艺术风格，并使壁画和雕塑降格为二流装饰品。这些方针的提出实际上废除了这一体系。这个报告还包括了一个经济上的考虑："设计是可有可无的这一偏见是经不住推敲的，事实上，缺少设计才是公共基金使用效率变为最低

亚历山大·考尔德位于洛杉矶庞克山庄太平洋保全大楼前的《四个拱穹》，1974 年。

野口勇的《红立方体》（1968 年）位于纽约市马林·米德兰德信托公司，为纽约曼哈顿的建筑森林带来了一抹亮丽的色彩。

左图：亚历山大·利伯曼 1989 年为洛杉矶克拉克大厦创作的作品丰富了大厦建筑的表情。

右图：被称为光影艺术家的尼克拉·舍弗（Nicolas Schoffer）创作的光影折射作品，放置在旧金山伊姆巴克代罗中心（创作于 1975 年），在简洁的方形钢架中，似乎随意放着不同形状的不锈钢片，在阳光的照耀下，它们既呈现了周围空间的变相，又给所在的庭院洒上一层新的斑驳的光晕。当人们在庭院下面的几层长廊中穿梭时，不同的空间角度又有新的光效，似乎是来自于天外天的光。作品超过 3 层楼高，人们可分别从 3 层楼板观看建筑内庭空间的作品。

的根本原因。"最初委员会还起草了第四条指导方针，要求政府将 1% 的建筑经费用于艺术，这个第四条没有出现在最终的报告中，因为 GSA 已经将其付诸实施了。

1967 年美国国家艺术中心注册成立；各地方政府急于振兴他们的城市，建筑式样发生了转变；在土地的使用上，建筑的公共空间越来越多，高大建筑盛行一时。由于建筑的风格因混凝土和玻璃材料的运用而越显缺乏生气，公共空间对更多的人造景观产生了需求。20 世纪 60 年代是微型艺术和流行艺术风靡的时期，在美国产生影响的亚历山大·考尔德（Alexander Calder）、野口勇和亚历山大·利伯曼（Alexander Liberman）等人的大型作品有效地中和了现代建筑的冰冷形象，人们把这些雕塑视为他们眼中新城市的一个部分，市民们已不再仅仅满足于一个建筑设施的实用价值了。

1973 年冬，GSA 重新启用了它的建筑中的艺术规划，这时，现代公共雕塑变成了联邦

泰瑞·阿伦（Terry Allen）的作品《商业头脑》，位于洛杉矶一座办公大厦，在作品的说明牌上有这样的题词："他们说我有商业头脑，他们说要想在前头我就要失去我的头，他们说要注重细节，所以我注重细节。他们说，去吧，我的孩子，去征服。我尽我所能。"幽默的情趣令人愉悦。

建筑设计的规定部分，一些大的企业机构、公司都投身于收藏、购买现代艺术，大型的地区委托项目也赢得了公众的认可。

1972 年 5 月 16 日，尼克松政府发出关于联邦审美的总统指令，指令提出每年为政府管理人员举办一次设计聚会，改进官方艺术用品和设计的计划，以配合 1962 年《联邦建筑物的指导方针》的全面评估和拓展，至 1973 年开启了《包容艺术品的新联邦建筑规划》。

1973 年夏天，GSA 重新启用了"百分比艺术"政策，到 9 月，他们已经构造了一个新的艺术家选择程序，负责项目的建筑师从此可以为自己的建筑设计推荐艺术品的位置和风格。NEA（美国国家艺术基金会）的评委会和负责项目的建筑师一起提名一批艺术家，GSA 的管理者和建筑师负责推举艺术家，最终的选择权交给了独立的 NEA 专家委员会。

GSA 百分比艺术规划和管理的很多州、区的公共艺术建设取得了非常好的效果。从建筑预算中为艺术拨款并不是一个新概念，GSA 的贡献在于百分比艺术的规划和管理本着对公共利益的广泛关注，建立了完整的艺术品评议筛选的运作程序。

回顾这段历史，由于 GSA 百分比艺术规划和管理保障系统化的公共艺术运作程序确保了艺术作品的质量，大部分作品质量优异，城市的文化建设得到有效提升，城市居民对一些作品营造的艺术氛围和所表达的幽默情趣欣喜不已。为数众多的组织和团体对可以在户外供人欣赏的艺术和雕塑表现出积极的态度。

美国国家艺术基金会从 1965 年成立时的 240 万美元，至 1989 年达到 1.69 亿美元，艺术基金比 1965 年增长了 70 倍。而 1998 至 1999 年的国家预算又比 1997 年增加了 4 倍。

艺术为人民服务成为美国国家政策，"百分比艺术"政策为民众带来了实实在在的文化福利，提升了市民的文化修养和城市的文化底蕴，同时也为国家和城市带来了经济效益。据美国国家艺术基金会推算，对公共艺术的经费投入，可得到 12 倍的连带经济效益。

托尼·史密斯（Tony Smith）等艺术家开始崭露头角。他们开始注重把城市和区域的特性融于作品之中，材料和表达的方式千差万别，公共艺术迎来了从"移植"到"生长"的初步转型。

20 世纪 70 年代的西雅图及其所属的国王郡是地景艺术重要的实验基地。这一艺术形态使公共艺术形式从"物品"转而进入"空间"。艺术家们提出艺术不仅"介入"空间，艺术本身"就是"空间，艺术还是空间中的行动和文化事件的孵化器，此观念对后续公共艺术的发展有不容忽视的影响。

与此同时，德国的民主政治迈入新的里程，舆论中出现"深化民主"的概念，而艺术界则有"艺术民主化"、"社会雕塑"等观念与实验。布莱梅市成为德国公共艺术机制的激发地，率先于 1973 年将"建筑物艺术"的规定改为"公共空间艺术"，提出以"艺术的社会凝聚力"、"艺术的社会批判力"推动公民参与公共事务。德国其他城市随后相继仿效，结束了艺术是建筑物上的附属品的僵化政策。

亚历山大·利伯曼的《誓约》位于费城宾州大学园区内，结合步道成为红色拱门。

巴奈特·纽曼（Barnett Newman）的《折断的方尖塔》坐落于西雅图华盛顿大学校园。

马克·迪·苏沃洛（Mark di Suvero）的作品，位于洛杉矶庞克山庄一家银行的 2 层平台上，融地标和休闲平台于一体。

20世纪80年代，公共艺术与城市景观的关系更加密不可分，具有实用价值的公共艺术大量登场，公共艺术不再是简单的城市附属"品"。作品的指向不再是单纯的审美功能，很多作品贴近街道上的各种设施或空间使用整体需求。

此后像弗兰克·盖瑞（Frank O. Gehry）、菲利普·斯塔克和矶崎新这样的建筑师以及其他一些建筑师、艺术家和设计师在欧美很多城市也创作了一些巨大的超出实际使用意义的作品。这一运动使得艺术营造大型空间影响城市形象成为现实，公共艺术在表现形式上的自由原则被再次放大，创造城市形象和城市风景也被纳到公共艺术的视野之中。

约阿希姆·施梅托（Joachim Schmettau）的作品主体部分由一个被"切割"的花岗岩球体组成，上面刻有文字"ABC"和中文"春"等。

施梅托在柏林欧洲中心广场的作品超越了一般公共空间艺术品的概念，在将艺术融入具有大众休闲功能空间的同时，引导大众对各民族生存方式的认同，倡导构筑多元化社会。

托尼·史密斯位于华盛顿现代美术馆外空间的作品

作为西雅图百老汇区域改造项目，评判委员会选择艺术家杰克·马基（Jack Mackie）加入设计团队，开启了百老汇的革新计划。这次革新包括街道、人行道、照明设施、园林和艺术品的改进。马基选择在百老汇一带的8个地点安置他的艺术品，坐落在最繁华的百老汇购物和娱乐核心街区的人行道上。每个地点安置与之相适应的特定舞步作品，《舞者系列——舞步》采用铜铁地面镶嵌，每组舞步大概12平方英尺，完成于1982年。

艺术家用铜铁材料嵌入地面8组鞋印，排列成一对夫妻跳舞时脚步移动的样式。鞋印被设计成"一步接着一步"的舞步运动轨以及由马基设计的两种舞蹈"obeebo"和"busstop"。鞋印由箭头和"R"、"L"（右、左）标示出舞者正确的脚步移动。每组舞步旁边的牌匾写有舞蹈的名字和节奏。比如，探戈是"慢，慢，快，快，慢"，伦巴是"快，快，慢"。最初公众对马基的创意持否定态度，但艺术品安置完成后很快被商人和公众所接受并赞赏。

奈德·史密斯（Ned Smyth）的《世界公园》坐落于费城市中心观光巴士起点站旁，为候车和休憩的人群提供了完备的使用空间。

1987年玛莎·施瓦茨（Martha Schwartz）设计的西雅图监狱庭院，用混凝土外贴彩色陶瓷片的造型体组合的休闲空间，为探访的亲友和律师提供了一个轻松生动的会谈场所，墙上的陶瓷壁画与地铺的图案连为一个整体，化解了监狱建筑的高大和森严。

弗兰克·盖瑞为西雅图中心轨道车站设计的景观建筑

鹿特丹建筑物上的不锈钢雕塑与兼具坐椅功能、有序散放在广场上的不锈钢墩，改变了区域的视觉形态。

雷蒙·莫雷蒂（Raymond Moretti）创作的具有实用功能的排气塔位于巴黎拉德芳斯新区，用多种颜色的管材进行外壁围合，将排气塔演绎成令人激情四射的公共艺术。（右图）

奥克·德弗里斯
（Auke de Vries）
在鹿特丹拆除的
旧桥墩与新桥之
间用钢条和钢构
件拉接而成的作
品。（左图）

高伊策（Adriaan Geuze）设计的位
于阿姆斯特丹的桥梁是以艺术品项
目完成的。

巴黎某商厦顶端的构筑体，营造了
全新的建筑形态，增加了建筑的视
觉识别性。

5.2.2 澳洲：艺术与"创新国家"

"文化政策就是一项经济政策。文化创造财富，我们的文化产业每年创造130亿澳元的收益。文化附加着价值，并且已经做出了突出的贡献。文化本身的传播就是有价值的，如文化吸引着旅游者和学生，对我们经济的成功至关重要。"这里所指的文化政策就是澳大利亚1994年实施的"创新国家"政策。在随后的4年间，政府对文化的投入近3亿澳元，以促进澳洲未来经济的发展。由此可见澳大利亚政府对文化艺术事业的重视。事实上，澳大利亚联邦、州、地方政府对艺术均有相应的鼓励政策，每年还会举办不同名目的美术大奖赛，同时，政府、私人和社团的艺术基金会也会支持艺术家从事相应的艺术创作和相关研究。这些都为艺术家参与公共艺术实践提供了良好的环境。

2008年9月，露丝·法热珂蕾（Ruth Fazakerley）撰文分析了澳洲公共艺术发展的历程。在她看来，经过40多年的发展，公共艺术这个词汇的使用已经变得非常特殊。它通常意指政府和艺术基金会赞助、艺术家参与创作并依照公共艺术法规安置在公共场所的艺术，可以是公共雕塑、纪念性艺术或其他户外艺术，甚至是"社会"的艺术。在澳大利亚，从20世纪60年代末以来，由政府赞助的公共艺术计划发生了一个明显的转向，那就是公共艺术朝着文化创意产业的方向发展，而不再是减税政策下的基金赞助艺术，越来越多的公共艺术创作侧重于解决社会和经济问题，甚至把公共艺术的作用定位于"创新一代的经济发动机"。

1973年，澳大利亚联邦政府出台"公共艺术计划"，在财政上支持澳大利亚视觉艺术家的创作及其作品销售，以培养优秀的艺术家并树立令人信服的艺术标准，最终达到国家身份认同的目标。此计划由新创建的视觉艺术委员会负责，取代了先前的"艺术作品直接购买津贴计划"，试图通过"没有围墙的博物馆"，使更多的社区居民有机会接触到高品质的艺术作品，逐渐理解当代艺术的形式和价值，并从中得到享受与教育。这样，严肃艺术的地位和专业艺术家的生活收入将得到稳步改善。澳大利亚的"公共艺术计划"主要体现了对专业艺术家和艺术专业训练的重视，用长期直接资助的方式，通过设计咨询费对视觉艺术家（主要是雕塑家、画家）进行资助。该计划一直运作到1989年，最后被"社区环境艺术设计计划"（CEAD）所取代。

"公共艺术计划"的终结反映了艺术实践和社会发展的重大变化。人们呼吁艺术界和政府关注社会环境和科技的变迁，解决人与环境的关系等更加宏观的问题。而公共艺术也不应仅仅是指雕塑装置，而是包括整个环境或事件，作品可以是永久性的、临时的或短暂的，也可以是非传统艺术（例如光效艺术、影像或声音艺术、多学科合作的艺术、表演行为、社会介入的互动艺术）。

"社区环境艺术设计计划"一直持续到 2001 年，涉及视觉艺术和社区艺术委员会，反映了对传统艺术形式类别的超越，同时也扩大了艺术家在公共领域的作用。该计划明确鼓励地方政府工作人员、社会团体以及艺术、工艺和设计专业人员之间达成新的合作，以改善当地的环境。在社区发展原则的驱使下，CEAD 整合了原有"公共艺术计划"的要求，提高了艺术家的就业机会，并在与社区和其他行业的互动过程中强化了其专业地位。

1973 年至 2001 年，政府资助的艺术景观项目迅速扩展到整个澳大利亚。而各地方政府也相继推出了一些与此相关的公共艺术发展政策和计划，比如南澳大利亚州政府于 1986 年开始正式运行"公共场所的艺术计划"（到 2008 年为止，仍然在以"公共艺术与设计"的名义运行），西澳大利亚州政府于 1989 年实行"百分比艺术计划"，昆士兰州政府于 1999—2007 年实行"艺术内置计划"，北领地州政府于 2006 年确立了第一部公共艺术法案，等等。到 21 世纪，公共艺术的相关政策和计划已被众多小城市普遍采纳。

澳大利亚梦想花园：多元文化交融的隐喻

澳大利亚梦想花园（Garden of Australian Dreams）是澳大利亚国家博物馆不可分割的组成部分，位于首都堪培拉格里芬湖边的阿克顿半岛上，旁边是澳大利亚土著居民联合研究所。

毋庸讳言，欧洲对澳洲的殖民对当今澳洲的多元文化造成了决定性的影响。来自欧洲各国的移民的华丽美梦与澳洲土著居民的朴素梦想的碰撞是不言而喻的，所以，有人认为澳洲就是一个"民族的拼盘"。这种历史与现实也呈现在其国家博物馆及其梦想花园的设计上。正如澳大利亚国家博物馆主创建筑师霍华德·拉加特（Howard Raggatt，ARM 建筑事务所合伙人之一）所言："我们相信澳大利亚的历史是由许多不同的语言，以不同的方式叙述的，而其中的任何一种都不会，也不应该成为压倒多数的所谓主流声音，它们是平等共存的。这些不同的故事相互缠绕在一起。我们想把基地连成一个整体——不是单单做一个博物馆，而是让湖水、陆地、建筑与空间融为一体。"整个博物馆和梦想花园的设计团队也是多元交流合作的团队，无论是策展人、博物馆馆长，还是艺术家、建筑师、媒介设计师、声音设计师，以及其他各类设计师、工程师，都进行了有效的沟通配合，形成了语言鲜明的统一设计。

多元共存正是梦想花园设计的核心理念，创作者试图营造一个无等级差别的花园——澳洲的人间天堂。于是，围绕澳大利亚的版图轮廓，一个多维的空间在博物馆周围层层交织：大陆版图的呈现、重叠、凸起最终汇聚成为一个兼具语言学、人类学、测绘学内涵的符号形象，穿插着野外探险必备的网格地图、围栏等的放大图像，融合了包括签名信息在内的文字内容，隐喻着一种多元文化的有机关联。建筑、景观、设施、草地、水体等以平面或立体的形式在空间中交互呈现，形成独特的视觉冲击力，同时富有丰富的社会学意义。最为关键的是，这种冲击和文化意义并非一种空洞的说教，作品通过一种感性的艺术语言激发起受众与作品的交流和对话。

梦想花园中心区的地面：以地图信息为基础绘制的图形相互重叠。

充满象征意味的红色通道

以澳大利亚著名的中部地区"乌鲁鲁"（Uluru，澳大利亚土著语言）岩石命名的国家博物馆的标志性雕塑——《乌鲁鲁线》（*Uluru Line*），乌鲁鲁岩石又名艾尔斯岩石（英语为 Ayers Rock），不同的名称同为澳大利亚的官方语言。

深红、桔黄、金黄、黑色和白色等组
成的色彩链条引导着观众的视线。

国家博物馆主体就像一个缠绕的绳结，象征着澳洲多元文化历史的纽带。

梦想花园的主要造型艺术作品《乌鲁鲁线》一头指向湖对岸的国会山，另一头指向澳洲的红色腹地，隐喻不同文化的对话。

梦想花园的中心区域是一个开敞空间，略微下沉，内有水池和漂浮其中的大地图。

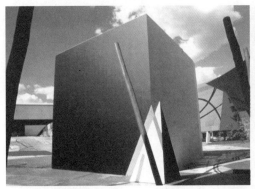

蓝色柱子的创作灵感来自于美国抽象表现主义艺术大师波洛克（Jackson Pollock），他是20世纪70年代澳大利亚文艺复兴的偶像人物。

作品《对峙》（*Aantipodean*）选择了令人意想不到的位置，产生了很好的艺术效果。

5.2.3 韩国——艺术创造 文化国家

韩国的公共艺术可以追溯到上世纪 70 年代，经过 40 多年的发展，其公共艺术的理念和实践均有相当成熟的表现。1972 年 9 月，韩国颁布了《文化艺术振兴法实施令》，规定凡是面积达 3000 平方米的新建筑，均要留出 1% 的费用给公共艺术，对建筑和环境进行美化、装饰。1982 年 6 月，韩国对该法案进行了补充，加入了关于建筑物美术作品的特定条款，在建筑物的"美术装饰"基础上增加了"艺术作品"，开始强调作品的艺术价值。到 1984 年，又特别规定了首尔市在城市建设中关于公共艺术的相关义务。1988 年，政府把 1972 年 3000 平方米的建筑面积放宽到 7000 平方米。1993 年，韩国总统卢泰愚提出"艺术创造 文化国家"的文化艺术发展政策，并以纪念碑的形式留存在公共空间，提示人们重视文化艺术。1995 年，《文化艺术振兴法实施令》以及关于公共艺术的条例被列为总统的公约事项，并把《文化艺术振兴法》里的公共艺术条款修订为义务事项，同年 7 月开始实施。

随着时代的发展，韩国的城市建设发生了变化，其公共艺术政策也随之改变。2000 年，韩国修订了《文化艺术振兴法》中关于建筑物美术作品的条款，留给公共艺术的费用从之前的 1% 减为 1% 以内。2011 年 5 月，韩国又修订了《文化艺术振兴法》中关于建筑物美术作品的条款，将"美术装饰"的用语彻底改为"艺术作品"。修订后的《振兴法》要求建筑总面积在 1 万平方米以上、新建或扩建的有特定用途的建筑物，把建筑费用中一定比例的金额（1% 以内）用于设置绘画、雕刻、工艺等艺术作品，或捐赠相当于艺术作品直接安装费用的一定比例的金额。这次修订的法令还增加了开发商可以以直接缴纳文化艺术振

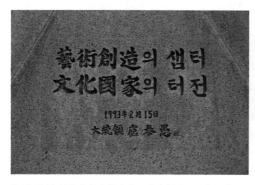

韩国以国家总统的名义提出的"艺术创造 文化国家"的文化艺术发展政策。

兴基金的方式替代直接建设美术作品的选择性制度,使开发商的选择余地更大。《振兴法》的实施在赋予建筑物文化形象的同时,也增加了当地居民的艺术体验机会和艺术家的创作机会,激活了企业的文化艺术支持机构,促进了当地文化艺术的发展。韩国公共艺术的宗旨可以用下图表示:

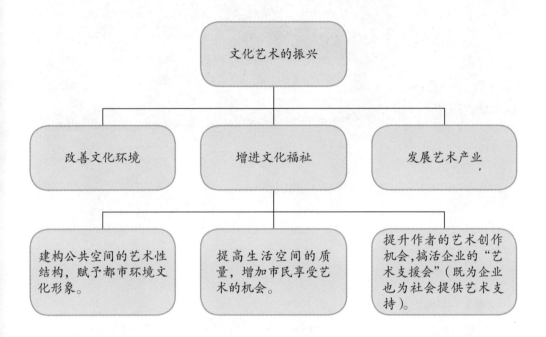

首尔的公共艺术就是在这种大的环境中不断调整自身的策略而得到发展。对于一个城市而言,其艺术的气质并非一夜之间可以造就,相反,往往要经过漫长岁月的积淀,最终才能找到这个城市独有的精神气质。

首尔市的公共艺术作品已接近万件。政府实施的《振兴法》的确让城市变得更加美丽,但很多开发商为了节省时间,会选择最为简便的方式,制作一些金属构筑物或程式化的人物形象。这些美术作品往往简单地添加在建筑物外表,既没有很好地同当地市民互动沟通,也没有同整体环境相协调,难以起到普及艺术的作用。2011年对《振兴法》的修改,在很大程度上改变了这种状况,使开发商既可以像以前一样自行委托艺术家创作,也可以拿出一小部分财产作为公共艺术基金,由政府出面寻找合适的艺术家作品。

韩国街头随处可见公共艺术作品。

《笔》——神来之"笔"

在韩国首尔市仁寺洞北仁寺广场北侧,伫立着一个巨大的"毛笔"造型的公共艺术作品,似乎在呼应着周围文化创意街区的神采。这个高达 7 米的青铜毛笔在地上随意地划出一个大圆,运笔的潇洒动态显露无遗。其写实的造型表现了毛笔饱蘸墨水的质感,地面的大圆用黑色大理石铺就并进行了阴刻处理,试图呈现墨水浸湿在宣纸上的感觉,笔杆上以韩国特有的字体刻着格言。

作品《笔》的创作延续了韩国传统院落的设计理念,艺术家希望用毛笔的形象象征韩国的传统文化,同时,毛笔也具有实用功能,它不仅是附近文化街区的路标,圆形座台也为游客提供了休憩的空间。虽然作品的题材来自传统文化艺术,却使用了镶嵌和 LED 照明等现代技术,代表着传统的仁寺洞固有的滞后性和现代性融合在一起,成为仁寺洞著名的标志性景观。作品由韩国景园大学教授、雕塑家尹英石创作,是首尔市"都市画廊项目"(目的是把首尔市内的街道营造成为城市的美术馆)之一。

也许只有亲自进入仁寺洞文化街区，特别是街区深处的一些闹中取静的院落，才能更好地体会毛笔沁润水墨的意境及其背后的生活方式。

《泉》——从排斥到喜爱的清溪川标志

《泉》位于首尔清溪川入口的清溪广场，2006 年设立时受到"与周围环境不协调"的批评，现在却成为了清溪川的象征。

其实，《泉》的造型形象是外国艺术家将印度海螺加以转化而得来的，并未参照韩国本土的螺蛳形象，不过作品的色彩却与韩服的蝴蝶结有密切联系，其类似 DNA 的造型象征着韩国生命科学的发展。在傍晚或入夜观赏这件作品是一个不错的时机，黑暗中点亮灯光的圆形入口像清溪川天上的月亮，作品内部藏着的泉水与清溪川融为一体，吸引着人们去探寻流向远方的泉水。

这件作品刚完成时引起了很多争论，韩国艺术界人士并不看好这个作品，担心印度海螺的造型出现在清溪川显得很奇怪，认为作品与广场并不协调。来参观的市民也不了解这件艺术品意味着什么。争议的原因还有：选定作者的全过程是封闭的，有 34 亿韩元的巨额投资，而且作者从来没到过清溪川。

公共艺术的创作和接受有时候具有谜一般的性质。人们接受还是排斥某一个公共艺术作品也许在短时间内难见分晓，但人们最终接受的都是优秀的公共艺术作品。无论如何，《泉》现在是清溪川的著名标志。不管人们知不知道艺术家的创作意图，但人们往《泉》里投硬币许愿，说明已经接受了这个象征清溪川源泉的作品。

公共艺术的复杂性在《泉》中有着充分的体现。此作品由生于瑞典斯德哥尔摩的世界著名装置艺术家及波普艺术家克莱斯·奥登伯格和他的夫人库斯耶·范·布吕根共同创作，高20米，宽6米，重约9吨。

都市里的《天际线——山水》

作品《天际线——山水》的创作理念来源于首尔市的 6 大名山（北韩山、北岳山、仁王山、南山、乐山、冠岳山）的天际线。铜色的不锈钢管交错连接，在不同角度形成不同高度的山峰轮廓，地面的步行区域摆放着大小不同、具有不规则斜切面的花岗岩石块，像是从河流的水面显露出来。艺术家创作的所有艺术形象都高度地抽象化，掩映在绿色的植物之中，紧邻着这件作品的就是高大的楼房。人们需要细心体会这种意象，才能从纷繁的环境中看清这件作品。

艺术家将韩国人的山水情趣引入都市，以缓和都市高楼的紧张感，提供审美性的休息空间。观众不仅可以从外面观赏作品，也可以从作品下面穿过，漫步在不同材质的造型构成的山水风景之中，获得独特的空间体验。

艺术家并没有建造一个高高在上的纪念碑，而是试图把艺术隐藏在都市的细节里，作品清空的是尘世繁华，生发的却是山水的无限诗意。作品由雕塑家郑胜云创作，规格为 2080 厘米 × 1195 厘米 × 790 厘米，材质为花岗岩、不锈钢管、聚氨酯涂层，照明（LED）泛光灯，2010 年 8 月 20 日完成，安装在首尔中路区新门路 2 街。

《电车与迟到的学生》——城市记忆

编号为 381 号的电车是由日本车辆会社制作的钢制轨道车辆，长 13.7 米，宽 2.4 米，高 3.2 米，于 1930—1968 年在首尔使用了 38 年，最后一次运行是在 1968 年 11 月 29 日，是留在首尔市的两辆稀有的近代电车之一，具有着很高的收藏价值，为人们了解 20 世纪中期首尔的交通方式和文化提供了重要的实物参照。

为了体现电车运行的时代性，公共艺术作品《电车与迟到的学生》复制了当时首尔人日常生活的一瞬间，展示在 381 号电车的车里车外。情景为某一天早上，一名中学生因睡懒觉而迟到，穿着校服的中学生带着自责的表情忙着赶上电车。电车窗外，这名中学生的妈妈提着他忘记带的盒饭，背着一个小孩；这名中学生的妹妹，手里拿着哥哥的帽子，大声呼喊着哥哥。车内迟到的中学生大声喊"停车"，司机以为出了事故，急忙望向窗外。这是一组人物情景雕塑，结合遗留下来的实物电车形成了一个新的公共艺术作品，生动展现出 1960 年代首尔的学生早晨上学的情景。城市的形象记忆和文化的时代内涵以亲切的公共艺术形式呈现出来。

《电车与迟到的学生》由艺术家金云成、金瑞庆夫妇和他们的儿子庆宝三人共同创作，安放在韩国首尔中路区新门路的首尔历史博物馆。

几乎稚拙的人物造型与车窗镜中附近区域的工业雕塑形成对比，散发出浓厚的怀旧气息。

《松树》——内心的风景

在《松树》这组公共艺术作品中，我们可以看到铜丝焊接的一个个圆环构成了一整棵树，圆环的大小不断变化、重复，使观众产生错觉甚至目眩，似乎掉进了圆弧里。雕塑的视觉性语言给观众带来了奇异的体验。这些艺术家想象中的树，可以称为宇宙神树。

艺术家作品的主旨不在树本身。借鉴绘画的造型特点，铜丝媒介的制作工艺具有了东

公共艺术创作的出发点有时是艺术家自身的私密体验，经过转化后成为公共的艺术语言。《树》由李吉来于2008年4月8日创作，安放于首尔龙山区葛月洞大厦。

方笔墨的气息，也体现了机器化的现代社会对有生命的植物的异化。近代以后，文明的发展使大自然遭到严重的破坏，自然成为人工自然，原生态的自然已不复存在。艺术家创作的自然不是人工乐园，也不是人们惯常看到的大自然，而是蕴藏在他内心的风景，通过数年的形象转换，呈现为新的现实图景：从点和线的纠结，到生长凝聚成树，最后形成有着奇异面貌的公共艺术作品。

艺术家说，松树在韩国随处可见，即使在贫瘠的土地上也具有旺盛的生命力。它们顽强的生命力启示了艺术家的创作方向。

《装天空的碗》——超越现实

《装天空的碗》由钢结构塑造成碗状外形，内部构建了高低错落的环形走廊，人们可以进入到这个裸露着结构的巨碗中，沿着内部台阶走到高度不同的走廊上，观赏碗外紫色的芒草和不远处的汉江。人们在碗内部的戏耍，似乎构成了一出别样的舞台剧，碗内看风景的人也被当成风景，而被碗外的人观看。

艺术家认为我们的社会需要人们能够亲切接触的公共艺术，而不是高高在上的作品，主张用"社会艺术"替代"公众艺术"。

在同名诗歌作品《装天空的碗》中，诗人探求了作品的意义："如果心是碗，天地就是希望。"诗中写道：

在辽阔的大地上，仰望天空，

看了又看，在地上，

走走，停停，又走，

抚摸着草，一遍又一遍，

在天空公园里，细察自然，

疲惫的人们，在这里得到希望，

像枯死的根上发出嫩芽，

心中希望的种子，扎根成长，

融入自然，唱歌跳舞。

仅仅从作品的名称《装天空的碗》就可以看出其意在超越空间。

《装天空的碗》是韩国艺术家林玉相创作的规模宏大的装置作品，放置在首尔上岩洞世界杯体育场旁的天空公园。（左图）

在美国这样一个历史不甚悠久的国度，费城铭刻着众多的历史印迹，17世纪初，这里是爱尔兰人移居地。1682年，威廉·佩恩带领100多位成员开始在这里兴建城市，市区布局也是由他亲自规划而成。到18世纪中叶，费城已发展为英国美洲殖民地中最大的城市。

富兰克林艺术大道尽头的费城艺术博物馆

市政厅建筑与雕塑是一个整体

费城市政厅是富兰克林艺术大道的起点

爱尔兰移民者的群雕作品，以纪念1845—1850年间发生的大饥荒，在这次饥荒中超过100万爱尔兰人饿死，另有100万人被迫移民。爱尔兰人不屈的精神，使他们战胜了此次悲剧。正是在这场灾难中，爱尔兰人在一个自由的国度中发挥出他们与生俱来的才能，幸存者以及他们的后代为国家的发展付出了巨大的努力。

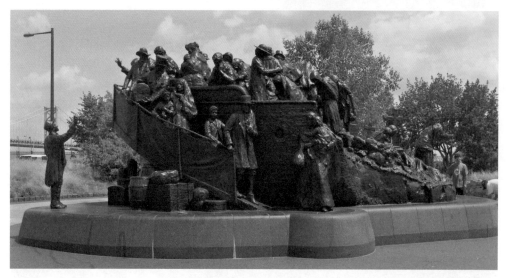

《爱尔兰人纪念碑》，雕塑家格林纳·古达克（Glenna Goodacre）创作于2002年。

美国独立战争时期，1774年至1775年两次大陆会议在此召开，并通过《独立宣言》；1787年在此举行制宪会议，诞生了第一部联邦宪法。1790年至1800年费城曾是美国首都。

如今，费城仍是美国主要的经济、交通、文化中心之一，是宾夕法尼亚州最大的城市。

费城是一个非常适宜居住的城市，素有"住家城"之称，不仅自然环境优美，而且众多的公共艺术作品为整个城市提升了艺术品位。同时，费城也是著名的观光都市，其艺术景区是吸引游客的重要项目。

1872 年，作为美国建国百年博览会主办城市，费城加快了城市美化进程，成立了非盈利性艺术机构"费蒙公园艺术协会"，协会成立之初的主要目的是借助雕塑来提升费蒙公园的艺术环境，但是其职能很快就超越了该公园的范围而扩展到整个城市。

费蒙公园艺术协会对费城艺术体制的建立和发展曾起到非常重要的作用。它最早提倡建立城市艺术委员会（The City's Art Jury，即现在的费城官方艺术机构艺术委员会的前身），并于 1911 年促成费城成立了市政艺术会。

如今费蒙公园艺术协会在费城的公共艺术领域仍然扮演着重要的角色。多年以来，费蒙公园艺术协会得到了来自政府财政部门、各种基金会、社会团体以及个人的支持，通过受赠、购买等方式获得了很多公共艺术作品，并组织创作了大量的新作品，现在，这些作品遍布整个费城的大街小巷。

由联邦公路署、宾西法尼亚运输部以及费城城市街道处合作建设的，以街道通过性空间为功能需求的另类富兰克林像。

坐落在费城富兰克林镇（Franklin Town）、由富兰克林镇股份有限公司委托密斯与奇那雷里斯（Miles & Generalis）费城工作室于 1992 年设计的作品。

　　费蒙公园艺术协会在 1944 年起即呼吁建立百分比艺术基金，在艺术家协会的发起及促进下，1959 年费城成为美国第一个批准授权 1% 的经费用于百分比艺术条例的城市。费城复兴当局（The Philadelphia Redevelopment Authority）表决通过了美国第一个《百分比艺术计划》（*One Percent for Fine Arts Program*），从此开始将公共艺术纳入到城市复兴的进程之中。

　　费城成为全美国第一个正式执行"百分比艺术"条例的城市，此条例将费城在开发部门的一个现存政策编订入册，即从 50 年代末开始，在改建修复项目的合同中包括了一个附属规定，要求不少于 1% 的建筑预算划拨给艺术。

　　"百分比艺术"条例的主要意图在于，通过为城市的建筑工程搭配具有独特风格的艺术作品，使整个城市更具活力。条例规定凡是由市政府参与投资（或独立投资）的建设工程（如大厦、桥梁等），必须保证将工程总造价 1% 的资金用于与之配套的艺术品建设。

不同国别的棋牌散布在广场，既是公共设施，方便行人在繁华的都市中得以片刻休憩，又为城市空间增添了一份幽默感，尤其是把这种游戏玩具放置在人们心目中极为严肃的市政广场，更是激发出一种特别的轻松和自信。也许是当地的民风早已成熟到足以理解这种幽默，而不会有其负面的联想。其实，这些看似奇怪的棋牌被安放在市政广场上是艺术家特意的设计，就是要激发一种对童年游戏的回忆，用于对比成年人的责任，这种对比产生了一种特殊的形式语言。

艺术家马丁尼茨（Daniel Martinez）、皮策普里兹（Renee Petropoulis）、怀特（Roger White）创作于1996年的兼具休息功能的作品《你的下一步》，安放在费城新市政大厅广场。

雕塑家利普希茨（Jacques Lipchitz）的《人民的政府》，该作品是"百分比艺术"项目专为费城新市政大厅广场制作的。高耸有力的雕塑用一种象征的艺术手法表现民主主题，仔细观赏可以发现雕塑塑造了一个完整的家庭，包括父亲、母亲以及两个孩子。受到保护的年轻人象征未来的希望，而雕塑中的两个成年人则用力举起有着费城之印的旗帜，正是这些普通的家庭和费城的未来有着极为重要的关系。正如雕像底座上刻着的献辞："这座雕像象征家庭生活，是社会的源泉和未来的希望，政府的意义在于取之于民而用之于民。献给费城人民。"

　　费城市政府的公共艺术机构设有公共艺术办公室（The City of Philadelphia Public Art Office），是代表官方的最权威的公共艺术管理机构，负责与费城公共艺术相关的整体管理工作，包括选择、购买、试运行、保存、维护以及其他有关公共艺术收藏的日常管理工作。

　　费城艺术委员会（The Philadelphia Art Commission）是由市长任命的艺术机构，由艺术和设计方面的专家以及公共财产委员会委员组成。负责城市内公共建筑、艺术作品的设计与定位，同时也负责部分政府拥有的雕塑以及其他公共艺术作品的保存与调整计划。

　　此外，还有很多能够发起费城公共艺术的代理机构，包括州或联邦的一些机构、大学、博物馆、开发商、有限公司、市民团体、私人捐赠者、艺术家等等。

　　费城最引人注目公共艺术项目是从市政厅到费城美术馆的"富兰克林艺术大道"，大

罗伯特·印地安纳（Robert Indiana）1967 年放置在富兰克林艺术大道上的代表作品《爱》（*LOVE*）。

道旁建有费蒙公园、罗丹博物馆、费城艺术博物馆以及利普希茨、摩尔、考尔德等众多艺术家的各种风格的公共艺术作品，成为名副其实的露天艺术博物馆。

　　由费城市政府休闲娱乐部于 1984 年实施的壁画艺术计划（The City of Philadelphia Department of Recreation Mural Arts Program），为超过 2000 面墙体创作了壁画和装饰，提升了费城的整体艺术氛围，提高了市民和游客的精神享受质量，使费城成为独具特色的壁画之城。

　　除创作壁画之外，该计划还为费城的许多娱乐中心以及社区提供艺术普及教育，并提供城市中所有壁画的相关信息指南。

　　1980 年 3 月 18 日，费城迎来了第一个"公共艺术日"，全面展示了费城几十年的公共艺术成果。

利普希茨创作于 1953 年的青铜
雕塑《秃鹰奋战的普罗米修斯》
安放在费城艺术博物馆前。

路易斯·布尔乔亚（Louis Bou-
rgeois）的青铜与不锈钢作品
《蹲伏的蜘蛛》（2003 年），安放
在费城艺术博物馆前广场，蹲
伏的蜘蛛是著名的蜘蛛系列雕
塑作品的一部分。

亨利·摩尔（Henry Moore）作品

亚历山大·考尔德的一系列作品形成一个小型个人雕塑公园。

《托兰三角建筑群》（*Torun Triangle*）（1976 年），托兰市赠送给费城的纪念作品，上书"献给姊妹城市的人民"。

如今的费城甚至可以被称为壁画之城，有专为旅游者提供的壁画游览指南。

美国第二大城市洛杉矶的公共艺术可上溯至 1900 年竖立在珀欣广场的铜像。洛杉矶重建局是洛杉矶推动公共艺术建设的重要机构，自 1968 年起，重建局已开始有计划地投入公共艺术建设。但洛杉矶公共艺术的全面发展却是近 30 年的事情。

自洛杉矶重建局在 1968 年第一次将公共艺术纳入市中心开发案迄今，市中心已有上百个公共艺术项目创作完成。20 世纪 70 年代后，位于洛杉矶华阜南侧的庞克山庄开始了大规模的城市中心区的更新建设，商业大厦不断涌现；80 年代，随着更多百分比艺术资金项目的跟进，掀起了公共艺术建设的高潮；90 年代，庞克山庄成为洛杉矶的公共艺术胜地，在区区几个街区内，就有近百件公共艺术作品。

1984 年的洛杉矶奥运会是该市公共艺术发展的重要契机，洛杉矶借奥运以艺术提升城市品位。1984 年奥运会前，在重建局的推动下，开展了一系列的公共艺术建设，卓有成效的公共艺术建设为这个奥运城市带来了美誉，洛杉矶向世人展示了优美的城市风貌。

奥运会之后的 1985 年，洛杉矶重建局将原有的艺术方案扩充为政策法规，拟订了艺术在公共场所的政策，明文规定凡是在市区内的所有建设必须拨出建设经费的 1% 用于艺术品或相关的活动。

洛杉矶所拟定的公共艺术政策，与以前的百分比艺术基金政策相比扩大了公共艺术的范围，分为三种不同方式：艺术计划、艺术设施和文化信托基金。其公共艺术的内涵早已超出早期公共艺术的范围，使公共艺术的外延得到扩展。

如果说"艺术计划"是针对艺术家定件的艺术品，体现着早期公共艺术模式的话，"艺术设施"则将诸多城市设施包含其中，"文化信托基金"更是由洛杉矶所独创，其资金由重建局代为统筹运用，其方案必须由重建局与社区委员会协同审核。这是民众参与和民主社会开放作风的具体体现。

洛杉矶的公共艺术经费主要来自民间，区别于美国其他城市。洛杉矶要求开发商提供建设投资的 1%，开发商拥有选择性，使得公共艺术的辐射面更大，激发了开发商投入公共艺术的热情。

洛杉矶最早的青铜纪念雕像，建于 1900 年。

尤金·斯图尔曼（Eugene Sturman）位于庞克山庄的加利福尼亚国际银行的作品像是制图工具，与建筑形成对比而又协调的公共空间。

在斯图尔曼的作品中，地铺镶嵌以及周边的花坛以几何的逻辑巧妙地利用了三角地空间。

与南希·格雷夫斯（Nancy Graves）的《怪兽》比邻的是路易斯·内维尔森（Louise Nevelson）的作品《夜航》。

景观大师劳伦斯·哈普林（Lawrence Halprin）设计的《西班牙台阶》

格雷夫斯在洛杉矶当代艺术博物馆的周边放置了造型怪异的作品《怪兽》，其绚丽的色彩在楼群的阴影中自由奔放。

开发商的艺术资金可有三种选择，其一为艺术计划，开发商向重建局提出艺术计划的过程分为 4 个阶段：构想、草案、修正案与定案，此艺术计划一般泛指公共空间的艺术品建设。

其二为文化设施，这是洛杉矶的创举。洛杉矶的公共艺术政策提供给公共艺术开发商更多的选择，只要符合洛杉矶的文化纲要计划即可。与城市文化建设的相关艺术设施也纳入到公共艺术建设的视野，1986 年耗资 2300 万美元落成的当代美术馆，即是此项资金所建，开创了公共艺术兴建文化设施的先河。之后，通过公共艺术政策投资建设的文化设施还有迪斯尼音乐厅、里卡多·蒙特班剧院等。

其三为文化信托基金。如果开发商对艺术计划或文化设施都缺乏兴趣，则 1% 的经费可捐至文化信托基金，由重建局代为统筹运用，规划公共艺术建设或活动。这部分经费的运用更是突破了以前公共艺术条例对公共艺术范围的界定，将诸多公共艺术活动计划付诸实施。比如每年 9 月底周末举办的洛杉矶艺术节，市政厅周围 12 条街区禁行汽车，各种艺术活动、表演以及周日的游行成为每年洛杉矶的盛事，吸引了大量游客，展现了公共艺术对城市文化的整体介入趋势。

奥运主场馆前的纪念雕塑，男女的胴体
表现奥运的同一个世界不分种族的共享
精神。

在洛杉矶市体育馆旁的广场上，有一组不锈钢网制作的树叶造型，夜晚
从中泛出的光线为广场创造出舞台般的梦幻场景。

洛杉矶珀欣广场立面图，里卡度·扎高略塔与汉纳·奥林设计。珀欣广场的历史可追溯到 1866 年，至今已经几度重
建，1918 年以珀欣将军之名命名。其位置处于洛杉矶市中心的第五街和第六街之间，90 年代初由相邻地块的业主牵头，
发起了更新珀欣公园的倡议。18 个成员组成的珀欣业主协会通过志愿税收，筹集 850 万美元资金，重建局捐赠了 600
万美元，加上启动资金 150 万美元，改造项目总计投入了 1600 万美元。

紫色的钟楼外表呈矩形，内部为楔形，颇为简洁大方。紫色的流水墙从钟楼伸向圆形水池，水以8分钟为周期，不断循环升降。

由艺术家巴巴拉·麦卡伦设计的地震线从圆形水池延伸至位于第六街和奥立夫街交汇处的广场一角。其中部是黑色水磨石，边上镶以炭灰色的石英岩板。

珀欣广场不设围墙，但施以强化管理。这是城市中心区域更新的不凡尝试，更是广义上的将物业改善和社会优化相结合的项目中的一部分。作为广场设计，它带有地中海或拉丁文化的传统，旨在为相会于洛杉矶的各界人士提供舒适的环境。

10层楼高的紫色钟楼耸立于粉红色的混凝土铺面上，有水流从顶上通过的墙亦被刷成紫色。墙上的方窗将小花园的景致引入广场。

此外，社区取向也是洛杉矶公共艺术的特色之一，洛杉矶利用分区确立社区领域，建立居民的社区意识，使民众关心自己的生活环境，积极参与社区建设。

1993年，洛杉矶重建局再次把艺术在公共场所政策修订为公共艺术政策，更详尽地明确了重建局、开发商与艺术家在公共艺术中所扮演的角色，更清晰地列明工作的方式与内容，并将政策的实施范围由之前的市区拓展到整个洛杉矶市，将艺术家和艺术品作为城市再发展的重要资源。

阿诺德·普莫德罗（Arnaldo Pomodoro）的《闪动的尊敬——致博乔尼》，放置在洛杉矶"水和力量"大厦旁的水面上。

艺术家斯戴芬·安托尼克（Stephen Antonakos）在立交桥下隧道里的霓虹灯作品。

弗兰克·盖瑞（Frank O. Gehry）设计的迪斯尼音乐厅以其奇特的雕塑化造型成为城市的形象记忆。

由建筑师矶崎新设计、1986年落成的洛杉矶当代美术馆，以"文化设施"项目资金建造，将公共艺术的领域延展到艺术设施，开启了把艺术设施纳入公共艺术的新纪元。（左图）

洛杉矶音乐厅的外墙装饰

新政策的宗旨是将原市中心政策的内容，从三个重建区延伸到所有的十七个重建小区，同时强调小区参与须尊重各小区的文化差异，聘用不同文化背景的艺术家参与公共艺术，提前让艺术家参与开发计划，为有公共艺术经验的艺术家提供更多的参与机会。

　　洛杉矶的公共艺术政策更贴近自己城市的特点和需求。灵活而富有弹性。重建局为开发商提供了详细的操作指南和服务，为洛杉矶公共艺术的健康发展提供了保障。

洛杉矶加利福尼亚交通部前布罗德广场（Broad Plaza）的公共艺术设施

好莱坞星光大道的明星手脚印迹，成为吸引游人的互动艺术。

好莱坞街头的休息亭

文化信托基金活跃了洛杉矶民众的文化活动。

小东京区的公共艺术

社区街头的公共艺术设施

在当代美术馆前为普通市民提供的艺术参与活动，文化信托基金为更多的人提供了艺术化的生存方式。

艺术家与社区小学校孩子们合作的地铺镶嵌作品，强调了公共艺术的教化功能。

洛杉矶庞克山庄街头照明设施

美国加利福尼亚州北部的港口城市旧金山，位于太平洋和旧金山湾之间半岛的北端，为美国西部的文化和金融中心，同时是美国太平洋西岸仅次于洛杉矶的第二大城、重要海港及军事基地。19世纪中叶加州发现金矿，华侨称之为金山；后为了区别于澳洲的墨尔本（新金山），而改称为旧金山。

在旧金山的历史上，1906年的大地震永远是无法抹去的浓重一笔，8.25级的大地震几乎将整个旧金山市摧毁。然而经历了这样大的灾难，旧金山却如浴火凤凰般，在不到6年的时间里，重新建设成一座更新、更现代化的城市。

重建之后的旧金山对公共艺术的重视超过了许多其他美国城市，直至今日已经成为美国公共艺术最为发达的城市之一。

经过多年的努力，旧金山积累了大量的公共艺术收藏品，在许多公共空间中人们随处可见各式各样的公共艺术作品。从旧金山国际机场到城市商务区再到各种娱乐中心、警察局、消防局、停车场、医院……都是公共艺术集中的地方。有些作品造型奇特，有些成熟稳重，有些则大胆创新。总而言之，无论是怎样的公共艺术作品，都在尽情地向人们展示艺术的魅力、城市的风采。

旧金山艺术委员会是负责旧金山艺术事务的市属机构，成立于1932年，它始终致力于将整合后的艺术融入城市生活的各个方面。艺术委员会下属的一个分支机构——公共艺术计划（Public Art Program）是代表旧金山市政府及艺术委员会来管理当地公共艺术事务的权威机构，它对整个旧金山公共艺术的发展起到了最为关键和重要的作用。

在美国，旧金山是较早启动公共艺术计划的城市，早在1969年就颁布了相关的法令。旧金山的公共艺术法令规定：所有民用建筑、交通改造工程、新建公园以及其他地上建筑物如桥梁等必须拿出建设成本的2%用于搭配公共艺术作品，并对何种建筑可以不必安置公共艺术品作出了详细规定。同时，公共艺术法令还针对艺术品的保存、维护制定了相应的资金保障制度。

旧金山公共艺术计划的主要职责：

1. 为每一个新立项的公共艺术项目制定指导方针及开支预算，并提供给相关的政府机构、艺术家及社区代表；

2. 负责对艺术家及社区代表进行选择；

3. 负责与公共艺术项目所在地周边社区的协调工作；

旧金山国际航站楼第三层出发大厅的壁挂公共艺术作品，庄格·肯（Joong Kang）2000 年创作，由 5400 个 3 英寸 ×3 英寸大小的绘画、木刻、瓷砖和浇铸的丙烯方块组成。

庄格·肯的作品将从世界各地采集的各种小物品组装成四方连续排列语言。

为配合 1977 年旧金山国际机场修建工程，旧金山艺术委员会配合"公共艺术计划"，使旧金山国际机场成为公共艺术最为集中的场所，仅在机场区域就有近 70 件公共艺术作品，机场有专门的《公共艺术指南》，图为在通道长廊上悬挂的丝网艺术品。

布鲁斯·比斯利（Bruce Beasley）的不锈钢作品悬挂在滚梯之上。

机场的地铺镶嵌作品《在空中》（*On the Air*），艺术家里维斯·狄斯图（Lewis DeSoto）2000 年为旧金山国际航站楼第二层到达大厅设计的作品，160 个圆形青铜浮雕镶嵌于水磨石子地板，图案为世界上最重要的国际机场。

    4. 管理与艺术家在设计、制作、安装过程中所签订的合同；

    5. 协助做好艺术家、政府代表、社区代表之间的沟通和协调工作；

    6. 负责作品安装过程的监管及检验工作等。

    旧金山公共艺术计划拥有完整的项目信息发布系统，每个公共艺术新项目的信息都会在其网站上进行详细的介绍，同时设立了公共艺术项目热线电话，可以帮助有兴趣的艺术家及时了解新立项目的申请要求及发展近况。此外，旧金山艺术协会还采取网上邮件订阅的方式，每月定期向订阅者免费提供所有新项目的相关信息。

每个公共艺术项目都有专门的遴选小组，由艺术专家、政府代表以及社区代表组成。遴选小组负责对艺术家的甄选工作，得出结果之后上报旧金山视觉艺术委员会（Visual Arts Committee）进行初步审批，此后还要提交到旧金山艺术委员会进行最终审批。

彼德·沃尔克斯（Peter Voulkos）的作品，位于旧金山现代艺术博物馆旁。

现代艺术博物馆旁亨利·摩尔的作品

威利·古特曼（Willi Gutmann）的《带楔的双柱》位于金融区，创作于1971年。（右图）

公共艺术计划内的一些项目由于自身的重要性或设计制作的难度等因素，的确会对艺术家水平、经验提出较高的要求，但是旧金山艺术协会同样非常鼓励那些没有太多公共艺术项目经验的年轻艺术家提出申请，只要他们能够证明自己想法的创造性并能够获得相关领域专家的智力支持。公共艺术计划中大部分公共艺术项目必须多方面相互协作才能更好地完成，鉴于这一特性，艺术家若具有与设计团队、政府机构、社会公众一同合作的经验，将会对他的申请很有帮助。

除此之外，公共艺术计划还会鼓励艺术家与艺术委员会、残疾人团体合作，共同创作那些能够被身体感知同时又能实现精神享用的公共艺术作品。

公共艺术已经成为旧金山每个公共建筑项目的必要环节，并贯彻至今。每一个公共艺术工程的运作周期从最初的设计到整体建筑的最终竣工一般要经历3至7年的时间。

旧金山的公共艺术计划力求通过建设具有多样化、激励性的文化环境来丰富提高市民、观光者的生活品质。对于每一个公共艺术工程，旧金山公共艺术计划都鼓励艺术家、设计师、官方及社区成员之间相互协作、共同创造，以便创造出工程所在地以及周边社区独具特色并寓意深刻的公共艺术空间。

肯斯·哈林（Keith Haring）的《三个舞者》（2003），位于旧金山 Moscone 会议中心，以不锈钢切割的伸展手脚的三个抽象人形表现舞者的形象。

阿曼德·瓦扬古（Armand Vaillancourt）的《喷泉》，1971 年创作。

作为市场街美化项目的组成部分，《喷泉》以其超越一般审美的造型在枯燥的广场上营造了史诗般的空间。

上图：《摇晃的男子》，艺术家特里·艾伦（Terry Allen）1993 年创作，旧金山重建机构收藏。

下图：《1934 年海员罢工纪念碑》由 10 位旧金山艺术家于 1971 年合作完成。作品旨在纪念霍华德·斯伯里和尼克·波多尔斯在 1934 年 7 月 5 日的血腥星期四献出了自己的生命，他们的牺牲使工人可以获得更大程度的尊严和保障。

左图：《丘比特的跨度》，奥登伯格和凡伯根（Coosje van Bruggen）于 2002 年创作，60 英尺高，材料为喷漆玻璃纤维和不锈钢。

右图：奥登伯格说："这些城市雕塑被当作碰撞城市的东西来对待"，他希望作品影响大众的体验，并说："刚开始是泛泛的观点，然后人们的反应会有些微妙的区别。我们不是复制我们使用的东西，我们试图做一些改变，并希望人们观看它们时，它们会继续发生变化。对我们而言，无止境的公众对话——视觉对话——是非常重要的。"

西雅图公共艺术的萌芽和发展与西雅图城市历史密切相关，早期印第安原住民的图腾柱和 19 世纪拓荒者留下的历史建筑的装饰都可谓是西雅图公共艺术的前身。

20 世纪 60 代后，潦草收尾的城市美化运动留下一幅惨淡的城市景象，公共艺术成为城市景观内在需求的"快速修补"。至 70 年代，西雅图逐步寻找到适合自己城市精神的公共艺术发展途径。

70 年代的西雅图及其所属的国王郡是地景艺术重要的实验基地，这一艺术形态为西雅图公共艺术的转型提供了新的契机，艺术形式逐渐开始从"物品"转而进入"空间"，表现为公共艺术不仅仅是"植入"空间的"物品"，其本身就是空间，艺术甚至还是空间中衍生的行动，此概念对后续公共艺术的发展有不容忽视的影响。

1971 年，在非营利的"联艺组织"（Allied Arts）的强力推动下，"西雅图艺术委员会"（Seattle Arts Commission）正式成为市政府内的独立部门。1973 年，"百分比艺术"条例开始要求城市公共投资经费的 1% 必须用于设置公共艺术。

著名雕塑家、艺术家、建筑师及地景设计师，陆续在西雅图公共建筑的

位于西雅图华盛顿大学校园内 Martin Puryear 的《上升的一切》，华盛顿州艺术委员会公共场所艺术计划会同华盛顿大学于 1996 年合作完成。

印第安原住民的图腾柱，展现西雅图城市的历史。

在 1984 年，西雅图市政改造 16 个消防站，艺术家汤姆·阿斯克曼（Tom Askman）是入选的三位艺术家之一，图为其 1987 年完成的消防员剪影。

在一栋消防站的瞭望塔楼的窗户上，安装了一系列比真人还大的消防员剪影，每个人物都在执行一项与扑火或营救相关的任务。

作品由经过处理的铝制成，表面的抛光度和反光程度很高，每个人物还可以沿着滑轨移动。

亚历山大·利伯曼用红色的钢管燃起都市的热情，该作品位于西雅图中心的空间尖塔脚下。

西雅图博览会的主办地西雅图中心是最受市民欢迎的地方之一，云集了众多的公共艺术项目。图为位于西雅图中心的罗纳德·布莱登（Ronald Bladen）作品《黑色的闪电》，1981 年创作。

1962 年西雅图世界博览会期间创作的风动艺术作品，可随风发出声音。

角落留下重要的艺术印记，并促使周边商业大楼关注起艺术作品对整体环境的作用，从开放空间到入口门厅、走道通廊等，公共艺术由城市的公共空间渗透到了私人商业开发领域。

　　西雅图还拥有独特的《西雅图市中心都市计划》（*The Downtown Plan-Land Use and Transportation Plan for Downtown Seattle Resolution*），其实行细则中关于楼地板面积奖励政策的第 23 项第 5 条明确指出，当艺术品的设置丰富或提升了室内外的公共空间品质时，将在都市设计审议过程中依一定比例获得楼地板面积奖励。此奖励计划将建筑内外空间环

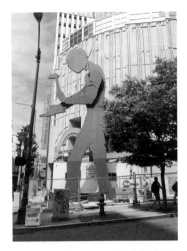

《挥锤的人》作为1991公共艺术计划的一部分，由艺术家乔纳森·博罗夫斯基完成于1992年，空心钢材的作品高达48英尺，坐落在西雅图艺术博物馆入口。

黑色的剪影与艺术博物馆折衷主义的建筑风格形成鲜明对比，挥锤的手臂每分钟上下运动4次，作品纪念工人对西雅图城市所作的贡献。

位于西雅图棒球场入口的雕塑

位于西雅图市中心大厦的公共电梯

境整体纳入公共艺术视野，有效地调动了开发商的积极性。

1978年，"邻里艺术计划"借由"邻里配合基金"鼓励以社区为基础的艺术创作，西雅图的公共艺术推广到大众社区文化的层次。

"邻里配合基金"提出"公共艺术是一个邻里所能理解、最强烈的社区营造形式"，鼓励社区以自助、自主或自力营造的方式提出与艺术相关的计划内容，并将社区参与艺术计划的人力资源转化为工时计算，政府再根据相对于计划中工时资金或社区自筹款的数额，配合支付计划所需的其他费用。这种以社区为主体的邻里艺术计划，直接以艺术作为社区文化营造的原动力，松动了艺术创作的精英取向，扩展了普通市民参与的通道，将西雅图的公共艺术目标直接指向"公众"。

由于更注重大众的参与互动，更强调公共艺术的引发过程，公共艺术成为城市文化的起搏器。当公共艺术定位由公共空间的"艺术品"提升到较多元的公共"艺术计划"后，公共艺术成为整合公共政策、工程营造、社区动员和文化节日的媒介。

西雅图公共艺术的推动机制是以敞开的、由下而上及其他体制外的通道而展开的，尽可能在公共艺术发生的过程中平衡"公共性"及"艺术性"。

《九个空间九棵树》完成于1983年，大约占地66平方英尺，高10英尺。公共安全大楼改造过程中大楼下面的广场需要做防水工程，项目邀请罗伯特·欧文（Robert Irwin）在建筑入口前的公共广场创作一个公共艺术作品，考虑到行人的行走模式、光纤和气候条件，艺术家创作了这件作品。在志愿者的支持下，作品经过三年半的策划和建设，最终得以完成。

蓝色铁丝网组成9个"房间"，每个房间有个开放的"门"，通向一棵李子树。观看作品时，光透过丝网形成丰富的运动变化。作品占据了公共安全大楼广场的大部分，从作品中穿越是通过广场的最好捷径，所以总有行人从中穿行。欧文这样阐释创作这一作品的动机："艺术的实践是我们开始丰富我们感知的开端，现在它落实到特殊的社会活动，进入我们日常生活的每个细节。"

巴勒社区的变电所以人类原罪的深沉主题，在变电所建筑顶楼外墙的四面横窗设置如走马灯皮影戏般的剪影艺术。

在夜间，多媒体影像演出一幕幕黑色戏剧，令人难忘的艺术创作同样暗示了某种程度的环境宽恕。

《西雅图花园》（位于联合变电所的东墙和北墙），艺术家安尼·斯帕瑞（Ann Sperry）完成于1988年，采用不锈钢喷漆材料，长334英尺。作品需要传达出"不能进入"的信息，艺术家在原有的4英尺高的混凝土围墙上再设置了4英尺高的围栏，围栏由长钉形状的花朵和刀片组成。

值得玩味的是，有些西雅图的环境艺术企图以艺术的媒介手段，改善原本已被认定为"危险"设施的负面环境。如将污水处理厂的环境界面以公共艺术的形式改造为哥特式洞穴或可容纳表演空间的绿茵起伏渠道，由地景设计师玛莎·施瓦茨为管训中心设计的、以抽象几何拼贴反讽人造自然的监狱花园，都有为非友善环境架构艺术桥梁的取向。

几处西雅图变电所的公共艺术设置，却因艺术作品本身的出色，让大众不觉察其设施隐含的环境威胁，而惹出公共艺术粉饰太平的争议。西北区变电所公共艺术设置明智地加入社区参与的机制，以电力能源为主题，吸收许多由居民制作的趣味风车，再配合全区粉色系列的色彩计划，安置于铁丝网花棚步道之间，像布置一座粉色的邻里花园一般，掩盖了突兀的视觉冲击及环境危机。

西雅图市政府还通过《公共艺术计划书》手册，宣扬公共艺术的亲民取向，鼓励社区及艺术家以自主提案或整合"邻里配合基金"及各类公共资源等其他方式，跳出机构性的程序羁绊，使公共艺术创作更具积极性与自发性。

左图：铜质列宁雕像是斯拉夫雕塑家埃米尔·文科沃花费十年时间创作的，1988年曾被安置在斯洛伐克，被认为是唯一一座不同以往持书挥帽并被枪林弹雨和烈焰围绕的列宁像。

右图：1989年东欧剧变，列宁雕像倒塌，被身在斯洛伐克的美国教授列文思·卡普特发现，卡普特非常喜欢这座雕像，就变卖了自己的房子，把雕像买回了美国，安置在西雅图飞梦社区中。雕像在社区的临时展览中，虽然引起了广泛的反响与争议，但社区居民认为艺术比政治更持久，该作品最终被保留在飞梦社区的艺术家村。

　　大众本身就是公共艺术的参与者，社区代表拥有对公共艺术的表决权，很多作品得以在争议声中衍生出新的公共价值及艺术生命。

　　西雅图公共艺术的动态活动同时也表现了多元化的艺术取向，如表演艺术、传统节祭、嘉年华游行等非永久性的艺术形式，虽仅暂时出现于公共空间，引起的回响及地方认同却不亚于一尊长期处于开放空间的艺术品。西雅图由社区自发形成的火雕艺术节、沙雕艺术节都绽放出短暂却灿烂的光芒，尤其是每年一度的筹办形式，使之逐渐演绎成社区的新传统，受到了公共艺术计划与邻里配合基金的支持。

　　西雅图近年来每年均被评为宜居城市，除了城市本身得天独厚的自然环境外，西雅图

社区街头的活动公共艺术，被风吹翻的雨伞有着幽默的亲和力。（右图）

独具特色的公共艺术政策功不可没。正是这一政策将"公共空间的艺术"扩展为"艺术的公共空间",亦即将公共艺术设置作为艺术诱发空间文化的媒介,使艺术的目的及作用蔓延到城市的公共领域,有创意的艺术创作渗入到日常生活中,呈现出艺术生活化的趋势,进而成为城市风格的助推器。

护网上用塑料圆扣组成的图像

艺术化的过街天桥护栏

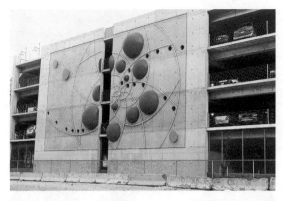

立体停车场的公共艺术　　　　　　　　　　富有地方特色的市政井盖

巴塞罗那经过一个世纪的努力，从一座没有广场之名的城市，演变成人称"开放空间的雕塑美术馆"的城市，历史记载着这座城市文化艺术的荣耀。

巴塞罗那被全世界的评论者称为世界上最摩登和最有活力的城市，也被赞誉为城市规划最前卫的一个代表符号。为什么它能够得到如此高评价？

这座艺术之城的魅力得益于她推行了一个半世纪的公共艺术，虽然"公共艺术"这个专属名词在巴塞罗那直到20世纪70年代才开始出现，但巴塞罗那实施"公有空间的艺术品"政策却有很长的历史了。

1820年之前，巴塞罗那的公共空间很少，更谈不上公共空间中的艺术品了。市民对公共空间的需求最终引发了1860年《赛尔达规划案》（*Plan de Cerda*）的实施，巴塞罗那经改造成为棋盘式城市，具备了现代都市的格局。为了1888年举办巴塞罗那市第一次万国博览会，1880年巴塞罗那通过《裴塞拉案》（*Proyecto Baixeras*），其主旨是所有的公共建筑物都具有国家（地方）形象，让民众欣喜，让商业兴隆，让人民以国家（地方）形象为荣。

在这种意识之下，注重地方形象、设置艺术品促成了巴塞罗那建设公共空间及安置雕塑品的第一个高峰期。

20世纪70年代之前"公共艺术"在巴塞罗那被称为"公有空间的艺术品"，指把具有纪念性的雕塑放在公有空间，也就是一般认为的最早期的公共艺术阶段，它的特色是"建筑师和雕塑家"一体，这与16世纪意大利在其公共空间设置许多雕塑的定义是一样的，大都是历史或人物的纪念雕塑。

安东尼·高迪以雕塑的手段解读建筑精神，被称为"高迪之城"的圣家赎罪堂代表着这座城市独立的艺术品格。

奥登伯格的《纸火柴》被放置成超大的形体，城市中的人成为艺术游戏的组成部分。

美国前卫艺术家罗伊·利希滕斯坦（Roy Lichtenstein）的《伊莎贝拉女王像》，与海港西面 1 公里处的哥伦布像遥相呼应，凸显不同时代的艺术形式。

邻近斗牛场的米罗公园广场的水池中耸立着色彩明快的艺术大师琼·米罗（Joan Miro）的雕塑《女人和鸟》，作品以彩色瓷片镶嵌而成。

儿童剪影形式的图书馆大门

1979 年西班牙民主化，法令的制定和实施权由中央转移到地方自治区，巴塞罗那属于加泰罗尼亚自治区，公共艺术的法令条规依照自治区的法令实施。1985，巴塞罗那效仿意大利 1949 年宪法的百分比方式实施公共艺术政策，其公共艺术经费来源除地方工程外，艺术品的经费来源分别来自自治区（1%），国家文化部（1%），此外还能申请省议会补助，额度最高亦可达 1%，加在一起的总额度甚至可达近 4%。1991 年 5 月 28 日与 1993 年 11 月 4 日两次修法，使公共艺术的范围扩展到古迹维修、地方历史文物等层面。

巴塞罗那在 1980 年以前，城市密度以危险的速度飙升，单纯发展经济的负面影响在当时的巴塞罗那市得到了集中体现。为了改善城市环境，满足城市居民提高生活品质的需求，巴塞罗那于 1980 年开始了真正的大规模城市改造，以建筑家里奥·博依加斯就任巴塞罗那市规划局局长为契机，特别是 1986 年宣布巴塞罗那为 1992 年奥林匹克运动会举办地以后，巴塞罗那加快了城市改造步伐，进行再开发，这也被看作解决该市城市环境问题的一座里程碑。

从 1982 年至 1986 年，巴塞罗那开始出现了一系列大型的城市空间。这期间，雕塑扮演了重要的角色，甚至让人感到整个巴塞罗那市都要变成一个开放空间的雕塑博物馆。

贝尔利·佩伯设计的北站公园入口处

当邦内尔（Esteve Bonell）和里乌斯（Francesc Rius）这两位建筑师设计奥运自行车体育馆这个充满魅力的建筑时，他们正确地意识到，一旁的地景公园需要一个雕塑，以强化周边的环境，使之与众不同。邦内尔是琼·布罗萨（Joan Brossa）的崇拜者，他认为这是一个让布罗萨的视觉诗篇物化的好地方。

琼·布罗萨将这件作品理解为一条启蒙的道路——由三部分组成的可穿行的视觉诗篇："出生，旅程——标点和语调——毁灭"，这也是作者赋予它的标题。它特别适合这个地方，因为人们会阅读它，然后沿着既定的路线前行。

雕塑起点在通往漂亮金属桥的陡峭楼梯的底部。当我们一步一步爬上楼梯后，眼前展现出字母A的顶角，宏伟而严肃。由于相隔一段距离，它看上去会比实际要矮，16米的高度赋予这个香草色石材雕刻而成的作品以完美的比例。经过一段短暂的路程来到第一件作品，然后从下面通过，《出生》的大字母A在某种程度上扮演着指引我们通向这一诗篇其他部分的大门的角色。它的旁边是一个开放空间。布罗萨最初想在这里装7个黑色金属制成的秋千，但是又怕在这个独立的空间放置这样的东西会转移人们的视线从而影响整个诗篇，因此，最终选择了一些传统风格的长椅，它们不会形成强烈的视觉冲击力。

草地上面散布着各种标点，它们就是这条路上的《标点和语调》。这些句号、逗号、问号、感叹号等是用和字母A相同的人造石材以及相同的比例制成的，道路的尽头是诗歌的终篇《毁灭》。它同样是字母A，字母变成了碎片，躺在地上。这一区域周边小心翼翼安放的植物特别重要，扭曲的雕刻一般的橄榄树、一棵角豆树、略带灰色的柏树，和字母A的冰冷、精确形成鲜明对比，此外还有一片随风轻拂的垂柳作为背景。草地恰如其分地在布罗萨的作品和大自然之间建立了平稳过渡。作品似乎是启蒙之路的隐喻。

矶崎新设计的圣·乔第体育馆和宫胁爱子的
作品《变幻》

夜晚，柱体上的泛光向空中发射出舞动的光
流线，在夜空中充满梦幻般的旋律。图片来
源：樋口正一郎，《巴塞罗那的环境艺术》。

圣地亚哥·卡拉特拉瓦（Santiago Calatrava）
的《蒙特惠克塔》，是为巴塞罗那奥林匹克
体育馆设计的电波发射塔，早已超越其使用
功能的需求，成为该市的形象代言者。

在西班牙工业公园中，安德烈斯·纳赫尔（Andres Nagel）大胆使用了公园的中心位置，制造了一个很现代的名为《圣乔治龙的沐浴》的巨型钢制作品。

圣乔治是加泰罗尼亚的保护圣徒，这一巨型雕塑成为公园的桥头堡，衔接两条道路和人工水池，本身又是一个巨型滑梯，让公园获得了生机。

1986 年巴塞罗那被确定为 1992 年奥运会主办城市后，为了迎接奥运会的挑战，巴塞罗那市实施了更大规模的修建活动，推出新的更具魅力的开放空间。奥运会和大规模的重建计划共吸收了 500 亿比塞塔，这一重建规划一直延续到奥运会之后的现在，使巴塞罗那不仅成为欧洲最有活力的城市之一，而且成为具有科学发展观和前卫精神城市规划设计的光辉典范。

巴塞罗那的艺术项目聚合了众多艺术家的梦想，项目选择了西班牙著名艺术家奇里达（Eduardo Chilida）、米罗，美国艺术家凯利（Ellsworth Kelly）、理查·塞拉（Richard Serra）和罗伊·利希滕斯坦，组成一个以著名艺术家为成员的团队，作为都市革新的计划参与者。方案规划协调委员伯赫格斯（Bohigas）和艾斯比罗（Josep Acebillo）给予了艺术家们史无前例的自由发挥程度和一切技术上的帮助。

埃斯沃斯·凯利（Ellsworth Kelly）的作品成为公园入口的标志。

爱德华多·奇里达（Eduardo Chillida）
在采石场创造的悬浮空间。

在巴塞罗那市政委员会的支持下，巴塞罗
那市原来的一处采石场被改造成了开放
的休闲公园，西班牙雕塑家奇里达在这里
创造了一个新颖的大型雕塑。尽管观众首
先看到雕塑是在它的前方，但最好的角度
还是在雕塑后面的山上向下俯瞰，这也是
奇里达个人对水仙的描绘：它的另一半是
由水中的倒影组成。图片来源：Barcelona
Open-Air Sculpture Gallery。

接受委托创作的艺术家名单，更是集中了西班牙和全球其他国家的著名艺术家和建筑师，如利希滕斯坦、奥登伯格、沃尔特·德·玛丽亚、贝尔利·佩伯、宫胁爱子等。在这个尊重艺术的国度里，"艺术引领城市"不仅是一个口号，更是以一种新的"横向机制"实施到城市的具体建设实践之中。这种"横向机制"打破了已往城市综合开发"纵向机制"带来的规划、设计、建筑、景观、公共艺术等相对独立、缺少融合的弊端。以艺术家、建筑师、工程师、市政人员横向协作为基础，以继承历史遗产为基本理念，融入"绿与水"的主题，进行"地区规划优先、连接整体系统"的动态城市再开发，并将艺术造型作为原发点直接介入城市规划与设计体系，使整个城市充满了艺术的魅力。

为了展现各自的城市文化形象，许多奥运城市都建设了多种多样的文化及景观设施，雕塑公园的建设更是许多奥运城市不可缺少的基本建设之一。巴塞罗那采用了新的理念整合自己的城市文化力量，其理念是将整个巴塞罗那作为一个大的艺术公园加以建设，将公共艺术的概念从单体的形态中解放出来，以公共艺术配合景观营造为原点，介入城市整体区域与空间，将规划与城市设计、历史环境保护、城市的整治更新和交换纳入一个大的视觉体系加以考虑，甚至将规划本身作为造型加以研究。

在以奥运为契机的城市改造进程中，巴塞罗那在城八区范围内选择了近百处场域和节点重点加以改造，根据场域的不同采用不同的解决方式，既有"横向机制"下的团队互补，也邀请委托世界级艺术家进行创作，一些较大型场域则由城市委员会委托设计，在邀请艺术家创作时，也充分尊重艺术家选择场域的权利。

此外，在城市家具、设施设计方面，也反映了巴塞罗那艺术介入空间的创新精神，无论是汽车站、坐椅、道路隔离系统，还是共有空间的娱乐设施，巴塞罗那都为我们提供了优秀的城市设计理念与实践。

公共艺术引领的城市再开发使巴塞罗那赢得了广泛的赞誉，诸如"巴塞罗那是个运动中的城市"、"一个随时有变化发生的城市"、"城镇规划风格前卫的一个城市"的评论对于巴塞罗那一点也不为过。奥运会的召开无疑也对巴塞罗那的建设和再开发起到了很大的促进作用，使全世界的目光集中在了巴塞罗那，为巴塞罗那带来了世界声誉。

1991 年，哈佛大学授予这个城市著名的威尔士王子奖，奖励过去十年中巴塞罗那出色的城市规划设计和城市开发，这也从一个侧面反映了巴塞罗那新一轮城市建设的辉煌成就。

阿尔伯特·维亚普拉那（Albert Viaplana）和埃利奥·皮农（Helio Pinon）设计了伸向海港中心的波浪形码头。

前卫的公共空间设施的设计提升了巴塞罗那的魅力。

巴塞罗那环形立交桥的天井防护网

悉尼公共艺术的发展可以追溯到 19 世纪。一百多年来，悉尼积累了大量的欧洲古典雕塑，在土著文化与欧洲贵族文化的交锋磨合中，为悉尼公共艺术的发展奠定了坚实的基础，以艺术的形式精心呈现了一个"城市"博物馆，依循时间与空间的线索，向市民和游客诉说着这座城市的历史。

从《公共艺术政策》到城市整体活力——艺术融入城市的典范

1994 年悉尼《公共艺术政策》出台，该政策指出，如果要使悉尼成为一个真正伟大的城市，必须具有繁荣的艺术和文化。如果要使人们感知悉尼是一个伟大的城市，那么整个城市必须随处可见艺术和文化的存在。

该政策的目的非常明确，致力于通过公共艺术项目，将艺术融入到城市中，在追求卓越、创新、多样性的同时，保持城市公共空间的美观和文化的重要性，以及与当代艺术实践动态的一致性，使悉尼成为一个具有创造活力的城市。该政策鼓励艺术家、规划师、建筑师和城市设计师以及所有参与市政厅主要

维多利亚女王纪念碑，1888 年为庆祝澳大利亚英租界百年庆典而塑，坐落于悉尼皇后广场。

维多利亚女皇铜像，曾位于都柏林议会大楼。1987 年由悉尼政府收购，现位于悉尼维多利亚女王大厦。

澳新军团纪念碑　　　　　　　　　　　　　　　　澳新军团和平纪念碑

从深受欧洲雕塑影响到为澳军塑造形象，再到现在随处可见的公共艺术设施，细心的游客可以从中阅读到丰富的城市故事。

艺术设施中的图像体现了多元文化的交融。

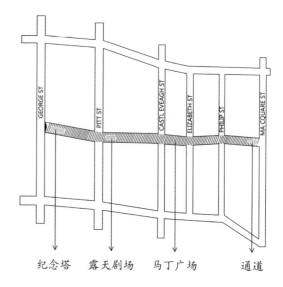

纪念塔　露天剧场　马丁广场　　　通道

马丁广场街区平面图，从中可以清晰地看到公共艺术设计与街道的关系。

公共艺术作品《通道》让日常生活成为艺术体验。

《通道》的夜景和局部

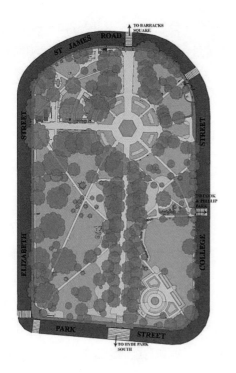
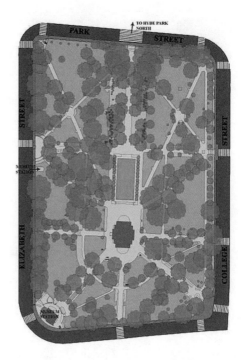

海德公园平面图

亚奇伯德喷泉

艺术工程的人员通力合作，为公共艺术作出更大贡献；鼓励各级政府和私营部门提供公共艺术产品，并采用整体的方式进行艺术设计和规划。该政策还充分认识到悉尼不同社区的丰富性，注重在创意规划过程中吸引社区参与，激发公民的自豪感。该政策还注重提升公众理解和欣赏公共艺术的水平，确保公众认同该城市所收藏的户外艺术品和纪念物是宝贵的文化遗产，必须对其进行专业的管理和保护。正是该政策的执行，为悉尼的公共艺术发展奠定了坚实的基础。

该政策包括三个关键领域：新艺术项目、公共项目和收藏管理。首先是新艺术项目，它支持与委托艺术家根据特定场域创作新的城市艺术品。该政策强调，从广义上来说，"公共艺术"是指位于或部分位于公共场所或设施的艺术作品或活动，包括视觉艺术、工艺、设计、电子和计算机艺术、表演、声音和瞬间艺术。公共场所是指所有的开放空间，如公园、街道、广场、海滨长廊、户外公共康乐设施空间。新艺术项目优先考虑以下事项：市政厅启动的永久艺术委托方案的制定和实施；与某一特定场所相融合的艺术，可以体现作品与场所之间的相关性和意味深长的联系；在规划和设计过程的早期，艺术家积极参与其中，以确保更加顺利地将艺术融合到场景中的作品。该项目强调在资金允许的情况下，将实施公共艺术委托方案：将公共艺术作为市政厅运作的所有相关基本工程项目的不可分割的一部分；启动大型的公共艺术工程，例如奥运会和联邦政府庆典，以及重点都市设计项目，如具有标志性意义的城市门户的创作设计；启动与政府和私人企业的创新战略伙伴关系项目；对所有公共艺术委员会提供明确的指导方针。同时寻找多种融资渠道，包括由市政厅承诺的财政投入以及其他收入；保留公共艺术基金以及该基金本身的利息收入，通过城市伙伴项目获取私营企业的赞助，捐款及遗赠，英联邦和州政府的资助项目。此外，为进一步扩大公共艺术政策的应用范围，市政厅与私营企业商议后，将制定一份私人企业发展政策草案，并鼓励将公共艺术政策原则融入到城市规划文件之中。

二是公共项目，市政厅将制定一系列策略来培养"悉尼开放博物馆"作为一种独特的文化遗产项目的收藏意识，此外还要提高当代公共艺术在城市环境中的重要性及可鉴赏性。市政厅认识到艺术鉴赏和艺术理解的重要性，认为艺术品不仅应带给人审美享受，更重要的是将更广泛和更复杂的社会画面展示出来。"悉尼开放博物馆"项目的收藏品展示出了独特而简约的城市历史画面和公民权益图景。公共项目的实施策略包括制作出版物、创作公共艺术作品及开发艺术家数据库，完善中小学教育课件，徒步旅行等。

艺术与公共设施的系统设计，对于提升城市品质而言是不二选择。

艺术家提前介入项目的设计，并与城市多个部门协同，是城市创新发展的基础。

　　三是"悉尼开放博物馆"项目的收藏管理。它主要是对相关艺术作品进行管理和日常维护。这些作品包括在市政厅监管下的户外纪念碑、纪念物、艺术品和其他具有重要文化意义的收藏品，并将包括未来由市政厅委托创作或收购的所有公共艺术作品。在资金允许的情况下，"悉尼开放博物馆"将实施以下管理策略：尽可能按照博物馆的标准和

俯瞰皮尔蒙特公园。皮尔蒙特是澳大利亚工业革命的象征，在那里建立了澳洲第一个蒸汽发电厂。

公共艺术作品《浪潮纽带》

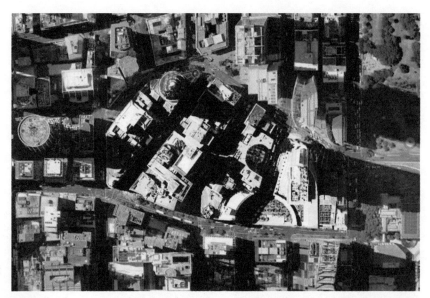

奇夫利广场邻近
街区鸟瞰图

奇夫利广场。无论是广场还是公园，城市公共艺术的设计都在为这个特定的空间制造着可以阅读的艺术语言。

库克与菲利普公园鸟瞰图

库克与菲利普公园

城市公共艺术的阅读性往往体现在细节上，库克与菲利普公园的公共艺术设计在看似平淡之处蕴涵着独特的艺术匠心。

城市的品质体现在细节，细节的呈
现又依托于艺术与城市的整体设计。

行为规范进行构建和管理，对收藏品进行妥善记载、分类、评估，并向公众提供相关信息；为此，市政府将制定详细的程序文件，包括收藏管理方面的道德规范信条，艺术品收购、遗赠、登记入册、陈列和解释的规划，并将委托实施收藏品保护和管理规划，制定为期五年的保护计划，以及定期的维护方案。为了便于实施保护工作，市政厅将从私营企业和广大公众中寻求资助和捐赠。

1997 年，悉尼的一项重要城市升级工程启动，对铁路广场进行全面的改造，范围从南部的 CBD 到北部的乔治大街，以及环形码头等。改造的核心是将铁路广场作为一个重要的城市空间，使其人车分流，通过种植、铺设、改造，特别是优化人流、车流的路径等一系列手段，呈现出一个现代化的公交中转系统。其中，艺术家梅里琳·费尔斯基（Merilyn Fairskye）设计的雕塑塔成为南城的地标。

悉尼奥运会——从生态切入的公共艺术

2000 年的悉尼奥运会将悉尼城市推向世界的前沿，赢得了广泛的赞誉，这也是悉尼公共艺术"大跃进"的发展时期。悉尼奥林匹克公园是一个非常成功的案例，成为奥运会期间人们交往的主要场所。其设计以生态学原理为指导，在材料应用、艺术形式和功能等方面都具有较高的学术价值和社会意义。公园所在地以前是盐碱沼泽和桉树林，后来被屠宰厂、烧砖厂和军备供应站所占用。设计者通过现代生态技术，以保留或修复的方式对其进行改造，呈现出一个兼具文化性、地域性、多样性和自我修复能力的局部生态系统。同时，通过将露天运动场、活动中心、竞技场和交通枢纽汇集在一起，营造了与自然生态相和谐的游览、休憩和大型活动的公共开放空间，从景观及功能等方面突显了整个园区建设的可持续性。

奥林匹克公园的中心轴线统领着奥林匹克场馆设施以及公共艺术景观，高大的太阳能灯柱、树阵、地面铺砖强化了轴线的视觉统一性。而另一条隐藏的生态轴线——"水脉"从奥林匹克公园中心轴线最北端的《北端水景》开始，用南北两处人工塑造感极强的喷泉景观，诗意地表达城市水循环系统在这个区域的可持续作业，将功能与景观完美结合在一起。此水景最初的方案是将周边海湾的水系引到公园里，但原本就脆弱的生态系统不允许这样大规模地改造，于是明线水道就变成了暗藏生机的喷泉景观。

乔治·哈格里夫斯联合事务所设计的这一喷泉景观极具诗意和情趣。《北端水景》由

位于奥林匹克公园的《北端水景》，乔治·哈格里夫斯联合事务所设计。

水的净化处理结合艺术化处理，成就了一种全新的"水脉"体验。

一系列人工铺的路径引向一组深 200 到 300 毫米、占地约 500 平方米的水池，包括三排水状树，其中两排坐落在石铺路上，一排坐落在水池中。水状树与地面成 60 度角射向四周，喷泉高度达 12 米，宽度达 8 米，场面十分壮观。喷泉喷出的弧度与石铺台阶之间形成一个空间，激起人们想要进入其中嬉水的兴趣。

这个水景装置采用了先进的雨水回收采集处理技术，也是公园的水循环系统、水利控制系统和 ESD 的理念在奥林匹克公园的重点应用。林荫道对面是将原基地上被污染的原料进行处理后堆筑而成的曲线螺旋山，它与水景构成公园北端重要的景观节点。这个经过艺术化处理的地形连同周边各种要素大胆和谐地结合在一起，创造出特定的公共场所。《北端水景》装置充满动感，在夜晚灯光的映衬下更加光彩夺目，给人以强烈的视觉冲击力。

《渗透》这件作品由澳大利亚雕塑家阿里·普尔霍宁设计，他在通往湿地码头的桥面上做了一件创造性的艺术品，用来改造哈斯拉姆斯码头的景观。夜晚，当你沿着观景桥走向码头时，一踏入作品地板表面的金属光栅栏，就像触碰到了一个开关，栅栏下的一排排铝棒开始发光，犹如画棒绘出颜色，产生奇特的光效。

《渗透》位于《北端水景》旁的哈斯拉姆河上，标志着公园城市发展区域和公共用地的界限，也对奥林匹克公园的雨水、土壤、空气和湿地处理池的净化功能作了诗意的阐释。

《渗透》的灯光效果。此作品创造了一种光学变化，各种颜色犹如彩虹光谱般变化，其效果会随着游客在码头上行走的长度和移动的方位而变化，呈现出不同的迷幻景观，并逐渐延伸至湿地。

《天空与羽毛》，位于澳洲电信体育场，尼尔·道森（Neil Dawson）设计。体育场东侧（左图）：用140种羽毛描绘了澳大利亚鸟类生活的多元化大型图像；体育场西侧（右图）：用一种半透明的现代材料描绘了一天的不同时间里澳大利亚天空的变幻。

悉尼奥林匹克公园的志愿者纪念柱

多米尼克·斯通（Dominique Sutton）在奥林匹克公园设计的《短跑运动员》，是一个可以转动的雕塑。

悉尼奥林匹克公园的火炬雕塑　　　　　　　　　　悉尼奥运公园中的小品

　　《无花果树林》由加文·麦克米伦设计，位于奥林匹克公园南端。它是公园中心轴线南端的节点，与公园《北端水景》的水脉相通。还有一条 25 米长的水渠将它和北面的哈斯拉姆遗址相连，使之形成强烈的呼应，展现出非凡的魅力。几何造型的水池台阶上，

穿越古今、兼顾生态与人文的《无花果树林》位于奥林匹克公园南端，这个小尺度的广场有着大气的空间切割与组合，将人行道路、古树、喷水与水池十分大胆地拼贴在一起，每一个细节都富含深意：10 株郁郁葱葱的无花果树被精心地移植在如今这个恰当的位置，是为了纪念基地原来作为角斗场的历史⋯⋯

《无花果树林》公园的喷水景观细节：壮观的喷泉喷出的弧形水柱洒落在园区的人行道路上，行走其中的人犹如在水体隧道中穿梭，参与感不言而喻。

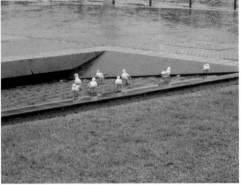

《无花果树林》公园的喷水景观细节

景观中的喷泉有许多小泉眼，喷发出的水柱能够达到3米高。

雕刻着保罗·卡特（Paul Carter）和鲁阿克·刘易斯（Ruark Lewis）创作的散文诗《传递》，用文字艺术唤起人们对奥运精神的体悟。

《阴影中》位于奥林匹克公园里那条意象存在的"水脉"南侧的班德瑞河床内，是一件关于环境的艺术作品。它由21根垂直铝制标杆和雾化器组成，旨在营造一个具有特殊气氛的空间。这些长度不同的标杆上都带有测量仪器，对班德瑞河中的水质进行科学测量，捕捉分析水的化学元素及成分。在不同的时间间隔里，这个装置能让水任意地喷出和中止，有时会按照标杆排列的顺序喷出，水在空气中转化成运动的薄雾，时而上升，时而下沉，时而聚拢，时而分散，改变着河床的环境。

在《阴影中》这个作品的河堤两边，种植着常绿的乔木树林，河床内作品的周围是成片的芦苇，它们在国际网球中心和林荫大道之间创造了一个绿色的、有机的空间。在这种环境下，该作品有如一个用于"炼金术"的仙境，暗喻着康宝树湾从过去退化的、受污染的工业区变为绿色的、充满生机活力的奥林匹克公园。

布里克匹特（Brickpit）环形通道，由建筑师、景观设计师、声音艺术家、平面设计师共同完成。环形步道犹如一个生态走廊，通过户外体验、声音、视觉等信息，诗意地表达保护澳洲野生动物的美好愿望。此作品代表澳洲参加了2006年的威尼斯建筑双年展。

布里克匹特环形通道局部

悉尼雕塑走廊——从对话到特殊价值的建构

为了迎接奥林匹克运动会，悉尼城市委员会在充满城市记忆的老城区策划了一场有趣的公共艺术群展，共有 20 件作品参与了这一名为"悉尼雕塑走廊"的项目。这条走廊并非传统意义上的线性空间或者集中展呈的雕塑园区，而是以艺术策展的方式，邀请了 20 位澳大利亚本土及海外的艺术家，在城市的发源地，包括 CBD 中心商务区、东部环形码头、皇家植物园、杜曼区选择具体的地点，创作与其所处的城市环境对话的艺术作品，用视觉符号深层解读城市某一地点的历史、记忆、身份、语言和环境等方面的内涵。所有的作品从不同的角度提问、探寻，共同建构了有关悉尼的城市记忆系统，而每一件作品又是如此地不同，由其所处的地理环境与历史生发出来，只因为存在于此处而更有价值。

作品《记忆的创造永无止境》在一片高楼围剿的城市绿地中，优雅地陈列着这个城市历史建筑物中的遗留品，砂岩建筑碎片被重新收集，螺旋状的图案讲述着其所处时代的文明与审美。作品似乎是在以一种收集与陈列的态度象征时间的轮回，对过往加以缅怀。

《隐藏的树》由艺术家珍妮特·劳伦斯和另一位艺术家合作创作,位于杜曼区的公共绿地中。作品延绵 100 米长,包括新种植的树木和一系列透明玻璃板。这是一个有关环境体验与生态保护的作品,艺术家通过调研,将其在此地区发现的而现今已不存在的树种移植到这里,有机透明玻璃板通过映射、反射光影强调着树木的生长过程,融于绿树中的玻璃板上密密麻麻地记载着当地树种的历史与发展,可以说是一部当地树木居民的家谱。

两百年纪念公园—— 从生态到纪念空间的交响

在悉尼奥运会期间,两百年纪念公园的建设也是一个很好的人文与生态融合的案例。

两百年纪念公园鸟瞰图

两百年纪念公园大门入口，其设计源于澳大利亚无花果树。

两百年纪念公园内的艺术作品

两百年纪念公园的水轴线景观，由洛娜·哈里生设计。轴线上水景的微妙变化吸引着人们参与其中。

从水景轴线看阁楼

从阁楼看水景轴线景观

阁楼瞭望台内部

艺术作品《警世钟》

艺术作品《日晷》

纪念公园选址在远离悉尼市区的霍姆布什湾，是悉尼市垃圾集中处理地带。大大小小的废弃物堆积的小山包严重破坏了此处的自然环境，公园运用生态恢复学原理把废墟变成森林和绿地，恰到好处地表达了政府对于环境保护的重视。同时，公园身处城市中心之外，没有明确的尺度界限，有更大的空间探索本土的生态景观模式，也可为奥运会选址及城市新的发展空间试金。纪念公园跨越运河，包括一大片森林，其中设有探险娱乐设施，如登山绳、滚筒滑梯、沙坑和分布广泛的攀岩甲板结构；运河西侧的水轴线景观及几个纪念性公共艺术作品，则让公园的主题逐渐明晰。公园既有轴线式的仪式感空间，也有穿插性与随机性较强的灵活性空间。

都市村庄中的诗意与步行

2006年悉尼的公共领域政策草案核心，是建立一个适合步行、充满活力的绿色的悉尼。它主要包含四项原则：一是连接性、连贯性，即通过车行网络、道路铺砖、城市家具、色彩指示等手段加强城市公共领域的连接性和整体性。二是独特性、多样性，强调悉尼独特的身份和多样化的社区。三是可持续性，即建造绿色城市，使用可持续、环保的材料。四是无障碍，强调街道的可通达性，如家庭般友好的城市，安全舒适的公共空间。最终使悉尼成为一个兼具"步行、阳光、绿色、生活"等元素的宜居之城。悉尼都市村庄这个概念逐渐清晰。

2006年悉尼的公共领域政策，打破了城市规划与艺术品的界限，将公共空间作为一个整体来统筹，同时将公共艺术全面渗透到生活的内核，提倡一种都市的慢生活景观，使悉尼成为生活的都市、绿色的都市、体验的都市、诗意的都市。

2009 年的"Art About 悉尼公共艺术节"就是在这样的都市村庄理念中孕育而生的。它分为两大板块：一个是 CBD 街道复兴项目，在城市街道上支持艺术家完成临时性的公共艺术作品；另一个是支持艺术家及市民在室外展出关于悉尼城市记忆的图片。此活动由政府、街道开发商、商户、策展团队、艺术家共同完成。

其实，从每一座城市的建筑形态、社区形态以及人文环境，都能依稀触摸到一个城市的发展史。智慧的城市人，会用书签一样的方式将这些重点的章节标注起来，继而塑造出一个城市的形象。公共艺术是这些书签与标注的最好形式，它能使城市文脉明朗起来，让城市精神拥有载体。

《被遗忘的歌》由大卫·托伊、王于渐等人共同创作，位于天使广场。栖息地的丧失威胁着鸟类的生存，曾经天使般的鸟类住在这里，重新给它们一个城市家乡的栖息地，夜幕降临，你可能会听到夜莺、猫头鹰等鸟儿的歌声。

《条形码》，创作团队为麦克斯·迈耶、达米安·哈德利、部落工作室，位于阿伯克龙比里。在当地街巷的部分道路上，白色荧光灯管条码的意思是"书与建筑物之间的生活"（简·格尔斯语），表达的是城市与建筑的关系，黑色条码代表的是"我知道她的两三件事"（吕克·戈达尔语），表达的是城市与电影的关系。

《家庭组-冷拖车》的主体是一组位于悉尼街巷的装置作品，观众可以通过网络与其互动，使其成为一种有趣的街头表演。装置的主体就像一个居住的容器，里面有家具、盆栽植物，以及可以组装的可移动拖车。

2004 年的全球最大室外免费艺术展——悉尼海滨雕塑展，邦迪海滩 (Bondi Beach)。

2004 年悉尼海滨雕塑展

2006 年悉尼海滨雕塑展

2007 年悉尼海滨雕塑展

2007 年悉尼海滨雕塑展

2008 年悉尼海滨雕塑展

2009 年悉尼海滨雕塑展

2009 年悉尼海滨雕塑展

墨尔本的人口在澳大利亚城市中排名第二，是维多利亚州的首府，也是澳大利亚的文化首都、南半球的巴黎。因为其移民的多样性和文化的多元性等因素，拥有传统、现代和当代的公共艺术。正是公共艺术的繁荣，成就了墨尔本文化都市的地位。而这与其艺术和城市规划机制的一体化不无关系。

墨尔本因其公共艺术计划而享有盛誉，从 CBD 的艺术创作委托，到市内公园和画廊中的展览，公共艺术计划保障了永久性和临时性艺术作品的双重呈现。到过墨尔本的人多半对那里世界级的文化设施、文化活动以及政府对文化建设的重视印象深刻。这与墨尔本都市文化的建设非常注重文化结构和时空布局的整体性，制定实施具有导向性的文化发展战略分不开，更与墨尔本公共艺术计划的整体性分不开。

墨尔本地方政府认为，文化对于确保地区的活力与繁荣至关重要。1987年，墨尔本议会首次通过文化发展计划，1993年修订，1998年12月再次修订。该计划的主要负责单位是市议会的规划、发展及环境委员会，其行政负责部门是文化发展局。1993年修订的文化发展计划确立了文化计划五年施政的指导原则，1998年则确立了1999年至2003年的文化政策纲领。1998年的墨尔本文化发展计划目标主要有两点：一是用活动打造艺术之都，希望通过系列

从墨尔本新旧市徽设计的对比中，可以看到其国际公认的多元、创新、宜居和重视生态的城市形象。正如市长道尔（Robert Doyle）所言："新市徽将是墨尔本的一个符号，它象征了墨尔本的活力、新潮和现代化。"

活动，增加墨尔本市为前卫都市的透明度，平衡传统、创新和商业之间的关系，打造多元文化。二是倡导现代艺术及文化活动，展现墨尔本的艺术优越性及创新特质，反映其多元的生活特质，并且鼓励社区居民参与。

《墨尔本的门户》局部，登顿·科克·马歇尔于 1999 年创作。《墨尔本的门户》由一组装置构成，位于高速公路网的重要节点，造型看似简单，却是符合高速公路视野的特别设计。

《墨尔本的门户》局部，作品的设计意图是创建一个国际性的、可认知的标志物，同时体现出当代性。

早在 1994 年，墨尔本所在的维多利亚州就颁布了 21 世纪的文化产业战略，勾勒了其艺术与文化未来发展的框架。该战略名为《文化 21 世纪，1995—2005 年》，明确了该市文化建设的发展方向，确立了其成为国际文化都市的发展目标，并提出了配套的文化发展战略，设立了都市文化建设的检验指标。与此相对应，墨尔本公共艺术政策也于 1994 年出台，涉及的公共艺术机构繁多，包括艺术咨询委员会、公共艺术顾问团、ArtPlay 和青年项目咨询小组、土著艺术咨询小组、社区文化发展咨询小组、艺术之家咨询小组、并购小组（当代室内艺术）、人民和创意城市委员会等。

与此同时，墨尔本规划了 2004 年至 2007 年的艺术发展策略，其核心是参与、交流、生活化和多元，强调用艺术培育和促进社区的活力，主要包括以下几个方面："土著艺术和文化"强调城市肌理，"视野"强调社区参与和艺术委托，"社区服务和文化的发展"强调创造性和社区关系，"艺术空间和场所"强调公共空间富有活力和城市博物馆不断变化，"艺术、文物和历史"强调社会的广泛传播，"艺术投资"强调获得一种灵活的艺术支持渠道，"创意、讨论和关键的辩论"强调多元与交流。

墨尔本的这种公共艺术计划和发展策略有力地支撑了城市文化的可持续发展，更长远的艺术策略也由此被制定。2010 年的艺术策略是配合墨尔本未来的城市发展战略而制定的，其核心是创新，鼓励艺术中的创造性探索，以打造一个充满活力的创新型社会，最终造就更大范围的社会繁荣。2020 年的艺术策略核心是可持续性，致力于在 2020 年之

《建筑片段》作为一种人造的城市历史遗迹，隐喻自然界的瞬息变化，而在街道中它又成为儿童游戏的载体。

前将墨尔本建设成一个更加富有吸引力、富有灵感和可持续发展的城市。

亚拉河上演时空风尚

先有亚拉河，后有墨尔本。这条272公里长的河流流淌出沃伯顿以东的亚拉山谷，蜿蜒汇聚到菲利普海湾入海。温柔的亚拉河以一条飘带的超然姿态穿城而过，滋养着城市里复杂多层的生物链，并把城市一分为二。

亚拉河上沟通南北的十几座桥梁，不仅起着交通连接的作用，似乎也有着草绳记事的人文价值，同时如一颗颗璀璨的珍珠点缀着素颜的亚拉河。这里既有古典的桥梁，散发着欧洲殖民地的历史风情，又有一些独具特色的步行桥梁，用前卫优美的造型张扬着这个城市的活力与新历史。南门人行天桥就是这样的一座新桥梁。

山德里奇大桥（Sandridge Bridge）则是一座有历史意义的桥梁，原为铁路桥，废弃之后，于2006年改建成一座富有公共艺术特色的行人和自行车专用桥。这是一个关于城市记忆的公共艺术作品，主桥体由拆除了钢轨后保留下来的老铁路桥钢梁构成，只是在西侧加入黄色的钢梁作为新建的人行桥之用。黎巴嫩艺术家纳迪姆·卡拉姆（Nadim Kara）的作品《旅人》（*The Travellers*）立于桥上，由通透的玻璃墙与不锈钢剪影雕塑构成，材料语言及作品形式让沉重的旧铁轨桥焕然新生，更具亲和力与观赏性。立于山德里奇大

南门人行天桥由澳洲CCW公司设计，1989年建成。为了能够更好地连接两岸的步行街，南门人行天桥并不垂直于河道，而是斜跨河道之上。这不是造型上的心血来潮，而是希望创造出更人性化的休闲互动资源，满足两岸的人行要求，同时探索人行桥与车行桥的不同之处。白色的弧线轻盈地提起桥身，一端止于亚拉河中（设桥墩支撑），另一端直插南岸驳岸，犹如纯净的彩虹浮于河上。

《星座》由阿姆斯特朗和杰弗里·布鲁斯·巴特利特创作，位于亚拉河畔，表现了墨尔本的移民历史和文化多样性，是墨尔本滨水改造计划中的重要项目。人们行走在河道旁，时时会惊喜地发现隐藏于路旁的艺术品。

《星座》用移植而来的五个海运船柱部件做基座，上立极富原住民色彩的图腾造像，分别是龙、男人、女人、鸟、狮子。这个作品记录了早期移民开发墨尔本的故事，象征着一次多元始祖的集体祭奠。只有在多元而包容的墨尔本，才会出现将动物与人类并排来膜拜、龙与狮子共同现身在一组图腾之中的景观。

纳迪姆·卡拉姆于2006创作的《旅人》立于山德里奇大桥上。

桥步行道旁的128块透明玻璃墙上明晰地记载了大量移民者的故事以及墨尔本一次次的移民浪潮历史。玻璃板上由不锈钢网络编织而成的剪影雕塑作品，体现出鲜明的土著艺术图形风格。

韦伯桥（Webb Bridge）是一座步行桥，造型奇特，艺术家的想象力在此得到充分发挥。这里原为韦伯码头铁路线的一部分，原来的轨道在上世纪90年代末拆除，2004年在其南端改建成韦伯桥。韦伯桥的设计理念和视觉风格与其所在的多克兰港区融为一体，共同构建了一场未来派风格的视觉想象盛宴。

桥体平面呈自由曲线，在北岸入口处，有一大胆新颖的180度回旋弯道设计，配合银色的拱形金属交错网格，犹如一条奇异妩媚的蛟龙横卧河中。透过镂空的线条望向天空，天空也荡漾起如河水一般的波纹，静谧而唯美，一点也没有躁动凌乱之感。

行至南岸，网状金属由柱形断面的钢梁和有一定间隔而又有韵律的弧形拱构成。不知这样的造型是否是对其前生——铁路线的纪念，但是行走其中，观者能很明显地体验

《旅人》作品局部。因为有《旅人》的存在，山德里奇大桥才不是一座普通的步行桥，它将艺术与历史轻松自然地留在了桥上，也留在了墨尔本居民的生活中。这是公共艺术最好的归宿吧。

为了解决新展览区巨大的人流及河两岸的频繁联系问题，加强场地举行重大活动的能力，当地政府修建了连接北岸会展中心和南岸展览中心的斯宾塞街人行天桥（Spencer Street Footbridge），结合了南北岸两座建筑物的设计元素，使这三者成为一个视觉整体。

韦伯桥，澳洲 DCM 设计公司设计，位于多克兰新区。　　　　　　韦伯桥北岸入口局部

到一种类似列车驶去、光影游移的数字化影像景观。

　　即使是如此天马行空的造型，在功能设计上也细致入微：入口桥面由亚光不锈钢栏杆分成人行道和自行车道，入口转弯处则由红色混凝土隔离墩隔开自行车和人流。走过180度别针形弯道，路面不再细分，人与自行车混行。这似乎也表明了设计师的某种观点：在桥体平面复杂变化之处，道路更加细化和明确，而在相对平缓的中央部分，则人车混行，反而增添一种轻松自在之感。

伯拉让·玛尔公园——存留记忆之园

　　伯拉让·玛尔（Birrarung Marr）公园在土著居民兰德赫里人语言里的意思是"河边的迷雾"。早在 1859 年，殖民政府就已经规划出这片河畔沼泽公园的美化及绿地用途。在 2002 年 1 月 26 日的澳大利亚联邦国庆日，公园被重新设计规划后正式启用。位于亚拉河北岸，连接联邦广场与国家运动公园，同时延伸着城市滨水绿化带的伯拉让·玛尔公园，被市政府明确定位为"节日公园"，这与墨尔本发展旅游事业、开展国际体育竞赛的城市定位是一致的。园区的整体规划布局颇费了一些心思，通过一系列梯田式的承接起伏，营造了一个既相对开放又使视线聚焦亚拉河的开敞空间。其交通系统的划分原则在于能否在园区内更好地观赏到城市中主要的地标，在视觉上与地理上实现园区与城市地标的连接。

伯拉让·玛尔公园作为墨尔本最新的城市公园典范赢得了广泛的声誉，比如2004年澳大利亚皇家建筑师协会(RAIA)授予其沃尔特·伯利·格里芬奖（Walter Burley Griffin Award）。伯拉让·玛尔公园也是亚拉河畔最古老的公园，见证着土著居民与外来移民的生活变迁。新的伯拉让·玛尔公园通过设计与艺术的方式保存了这段历史文脉，使得自身形象鲜明，魅力独特，令人向往。

伯拉让·玛尔公园内的儿童娱乐设施靠近联邦广场的公园入口，首先给人一种充满设计感与造型感的印象。这样的布局主要是因为此处紧连城市中心的商业区，家庭来此购物休闲，孩子需要一个玩耍的乐园。国外的儿童娱乐设施与国内有很大不同，虽然其器材大同小异，多半是一些沙坑、摇摆吊床、小型攀登场地和平衡梁等，但是国外的儿童公园会将这些设施与空间作为一个景观或者雕塑整体来设计，每一处都自成风格，通过娱乐的空间来激发孩子的想象力，而国内的儿童娱乐空间还停留在标准件购买组装的阶段。

伯拉让·玛尔公园内的儿童娱乐设施

《扎营河畔》（*Birrarung Wilam*）的英文解释是 river camp，用河畔扎营这种生活方式指代澳大利亚原住民的生活全景。伯拉让·玛尔公园的这一区域可以说是最具特色、最具民族性的空间。通过整体的公共艺术营造，生动地演绎着土著居民的老故事，展现着土著文化的多样性与民族性。作品中，下层台阶、鳗鱼地铺、河流与五个犹如金属盾牌的立柱，构成了这个富有凝聚力的舞台，或者说具有一定戏剧性的空间，五个富有原始意味的立柱分别代表着五个土著民族。

《扎营河畔》中的民族图腾柱

《扎营河畔》中的鳗鱼图饰地铺局部

《扎营河畔》中的声音墙。依附于 ArtPlay 儿童艺术中心红色建筑的三块银色触摸屏，是一个有趣的声音互动装置。在视觉造型上，设计者用不锈钢浅浮雕的形式将土著艺术中的纹样编织成犹如声波抑或涟漪的图案。如果游人触摸这些屏幕，会听到土著居民讲述早期土著人生活的故事。

《联邦钟林》（*Federation Bells*）是为了庆祝澳大利亚联邦成立一百周年而创作的，由英式摇铃演变而来的高低错落、大大小小的 39 个钟柱，由 39 台电脑控制，每天间隔一定的时间，就会响起清脆的铃音。将土著文化与殖民历史共同放置于一个装置作品中，实在需要一种胆识，这也流露出澳大利亚文化中的包容性与坦诚态度。

《天使》（*Angel*）由 Deborah Halpern 于 1988 年创作，材料为陶瓷、钢铁、混凝土。本土的艺术家 Deborah Halpern 创造了这个两头三脚的天使，用以表达他对祖国早期文化的感悟：“野性的、奇异的、丰富多彩的”。雕塑体黄绿对比的主色调、色彩斑斓的图案，以及雕塑下沙土的黄与场地周边的绿，散发出阳光的气息，也象征着土著文化的活力。

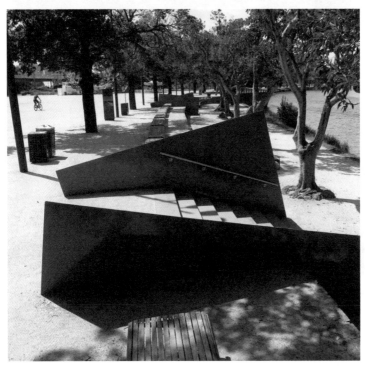

伯拉让·玛尔公园内简洁实用的公共设施

联邦广场——解构商业之城

　　沿着亚拉河顺流而下，历经承载着土著文明与城市发展史诗的伯拉让·玛尔公园，瞬间就到了用建筑形式讲述联邦精神的 21 世纪最新的城市商业休闲场所——联邦广场。

　　联邦广场的建筑形式是有争议的，1997 年 Lab 建筑工作室凭借此设计获得伦敦雷博建筑设计大奖，2002 年开放后的联邦广场却被一些网站评选为世界最丑的建筑之一，但这并不能阻止每年 800 万左右的游客光顾此地，与维多利亚女皇市场同为维多利亚州观光人数最多的景点。

联邦广场及其文字地铺。整个设计项目将闭合的建筑空间与开敞的广场空间有机穿插，建筑立面的不规则碎片组合与广场上图案化的红色砂岩铺砖在同一语境下进行对话，共同形成强势的新城市肌理，并通过广场艺术语言的延伸，将周边的环境也融入到这一视觉秩序中。

联邦广场建筑前的多媒体艺术   联邦广场建筑前的多媒体艺术局部

多克兰港区——再开发计划创造未来之城

多克兰港区的公共艺术规划是大胆的，试图造就一场视觉盛宴。我们不得不叹服墨尔本的创造力与想象力，叹服它游走在土著文化和当代艺术之间的天马行空的创造，以及把这一切展现出来的自信。

靠近海港有条长长的滨海大道，对比色的线条穿插其中，道路被巧妙地切割成菱形，远远看上去像是当代梯田，纵向的路面色彩与横向的建筑色彩共构一个视觉秩序，间或种有一列植被，一眼望去，疏朗有致，轻松欢快。这是澳洲的人文特点，立体的被简化

多克兰港区街道

成平面，平面的被简化成点和线，点、线又变成符号……能简绝不繁，能亮绝不暗，能轻松绝不沉重。有这样的整体意识，创造出来的艺术必然会共同呈现出一种气质，作用于人的精神深处。澳洲的欢快，墨尔本的奔腾，体现于此，并根源于此。

数位港湾计划提出了"数位 + 多克兰 = 智能城市"（iPort + Docklands = Smart City）的理念。

《沉默》（*Silence*），阿德里安·莫里克斯（Adrian Mauriks）2002 创作。作品用玻璃纤维、树脂、白色丙烯涂料制造了一个纯净梦幻的世界，云、树以及森林以奇异超现实的姿态出现在人们的视线里。在繁华的都市里，这样的"自然世界"实在是过于宁静了，它以一种等待的甚至不肯妥协的姿态迎接你的驻足、沉默、思索。

《缝合之地》（*Threaded Field*）局部，Simon Perry1999 年创作。澳大利亚本土艺术家 Simon Perry（墨尔本公众所熟悉的其艺术作品还有《公共钱包》等）尝试将波普艺术更好地与城市空间结合，与奥登伯格的日常品放大稍有不同的是，Simon Perry 更强调艺术品给空间带来的故事性与趣味性。一个遗失在路边的公共钱包，一套将大地缝合的针线，被放大的作品是场域中的一个点，牵起行走之人展开想象。而从视觉空间的角度来看，作品在建筑入口的开敞空间中穿插游走，时隐时现，连续性的作品整合了这片松散的空间用地，又没有阻碍人流且视觉通透，甚至激活了此处原本平淡无奇的建筑。

《锚》(*Anchor*)，尼尔·道森（Neil Dawson）2005 年创作。作品由难以觉察的电缆牵引于高大的建筑上，飞翔在 33 米高的澳洲蓝天下，犹如抛锚启航在蔚蓝的海水中。《锚》是对早期澳洲航运事业的礼赞，手工感极强的编织形式更是对早期航海技术的一种追思。

《树上的牛》（*Cow Up a Tree*），约翰·凯利（John Kelly）1999年创作。这是一个超现实的想象力作，可是它的灵感却来自当地一场大水中被挂在树上的牛。艺术家认为，作品是生命和精神的升华，人类在生活的同时，追求人性和生命的快乐，升华也将是不可阻挡的。

《飞翔的鱼》（*Shoal Fly By*），卡特·麦克劳德与迈克尔·贝莱莫（Cat Macleod and Michael Belle-mo）创作。作品受浅滩上鱼类飞行的启发，从水入手，模拟鱼鳞、波光、渔网的姿态，探索市民与整个港区的关系，尝试着创造最适合这片场域的艺术形象。

《连续》（*Continuum*），迈克尔·斯内普（Michael Snape）2005 年创作。剪影舞动的场景构筑了《连续》的张力，一种类似寓言的故事似乎从这座现代的巴别塔生发演绎出来。连续的人物层层环绕，舞向天空，剪影的造型源自古典图像，平面而夸张的符号语言续接成一段影像——有关生命的描述。作者思考的可能更多："人"与"群"的环绕暗示着社会、合作与秩序，其灵感来自于多克兰港区的复兴，来自于社会意识对自我意识的约束，来自于生命的联系以及联系的生命。

《奈德和丹》（*Ned and Dan*），亚力山大·诺克斯（Alexander Knox）2005创作。位于建筑外立面上的《奈德和丹》，灵感来自于澳洲的海洋与蓝天，以及当地艺术家的一幅平面作品。艺术家巧妙运用"像素画"的元素单体，以三维皮影戏的动态方式，模拟了海洋起伏的微妙景象。作品位于建筑外立面，映衬着天空与城市，别有一番奇异的视觉景象。

《气孔》（*Blowhole*），邓肯·斯泰默（Duncan Stemler）创作。《气孔》是一个15米高的风力雕塑，其造型与色彩的变化取决于当时的风向，犹如游艇的桅杆形态变化莫测，是一个属于海港的作品。

《奈德和丹》局部，可以起伏运动的"海浪"。

为树编织的"毛衣"，呈现的是墨尔本的年轻心态。

城市中艺术化的设施体现着墨尔本的活力。

红色线条作为康斯坦丁·季莫普洛斯所常用的艺术语言，在表达澳洲"红土中心"的时候似乎是最为独一无二的，这种澳洲所独有的红色意象也许只有到过那里的人才能深切体会到。艺术家巧妙利用特殊的现代材料，使装置在风动时变幻出无限的美丽意象和声响，却在风静之时恢复其最初的形状。

街头随处可见的公共艺术，已成为墨尔本城市生活中不可分割的部分。

第六章　那些晶莹的碎片

——公共艺术的实践与模式

6.1.1 毕加索的难产

1967 年 8 月 15 日,芝加哥市长戴里(Richard J.Daley)亲自为芝加哥市政中心广场出自艺术大师毕加索之手的巨大雕塑落成揭幕。这座重达 160 吨的钢板雕塑因其怪异的相貌引发了巨大的争议,使得芝加哥因艺术而扬名世界,这一事件直接引发了芝加哥公共艺术创作的高潮。

可以说在所有引起争议的公共艺术品之中,《芝加哥的毕加索》也许是最为戏剧化、也最为幸运的一个案例。为什么一件和芝加哥几乎毫无关系的空降艺术作品,在巨大的争议之后能够逐渐地被市民接受,成为城市生活的重要组成部分,并被当作城市的骄傲。这也许正是公共艺术的奇妙之处,它致力于公众的认知,却又没有停留在一种简单、机械的层次上。

其实,在 1963 年提出这座雕塑的构想时,建筑师哈特曼(Hartmann,这座雕塑的主要赞助者)曾说过一个简单的理由,就是想得到一个现今活着的最伟大的艺术家的作品。显然,组织者根本不在意作品对于委托地点的意义,只是想表明其对欧洲艺术的一种敬意,并企图以此增加芝加哥的文化气息,可以说哈特曼的出发点是站在一个西欧艺术崇拜者的角度。经由芝加哥市长亲自邀请,毕加索承接了任务,但毕加索本人对委托制作艺术品根本不感兴趣,他也从来没有到过芝加哥。他完全运用自己感兴趣的形象:他的妻子

毕加索运用立体派的解构语言挑战公众的视觉审美经验,将个人的探索语言空降到公共空间,图为毕加索 1967 年创作的作品《芝加哥的毕加索》。

和一条狗的抽象形象。而在形式上显然是沿用了自己的立体派艺术风格,而且被认为具有性的隐喻。

就在作品落成典礼前后,媒体上出现了各种嘲讽式报道,读者面对这些报道,更是把它作为一则消遣式的笑话。媒体中出现的比喻包括狒狒、鸟、凤凰、马、海马、阿富汗猎犬、修女等等,没有之前毕加索作品一贯受到的追捧赞誉之词。然而,由于市长的鼎力支持,在雕塑建成的最初几年,每逢建成纪念日便会举办相应的公共活动,包括在广场前举办的作品生日庆祝会,为参加庆祝的市民免费提供蛋糕。而在运动赛事活动的庆祝会上,雕像前的广场成为颁奖舞台,分发相关礼品。随着时间的流逝,民众也渐渐接受了这个大怪物,并取名为《芝加哥的毕加索》。

在这些批评的言论中,一位上校的意见也许最具代表性,他认为一个不为此地人熟悉的艺术品就不应该放在这个地方。他的观点反映出公众并不满足于一个"空降"的艺术品,他们渴求了解艺术品背后的信息。这种艺术背后的理念对于艺术专业者来讲是极为普通的事情,而对于大多数市民则是急切需要了解的。正是这种渴望,才使得人们对《芝加哥的毕加索》有着强烈的反响,值得庆幸的是这种反响得到了较好的疏导,反而由于争论引起了更大范围的关注度,客观上提高了芝加哥的知名度,甚至吸引了不少慕名而来的观众。

这也许同毕加索的国际知名度有关,而此作品背后的"性"隐喻却被作品的赞助者、媒体以及市民忽略了,成为一种集体无意识。正是在这个意义上,作品与公众达成了一种表象上的心理共谋,使作品最终融入都市生活。但对于更大多数的案例而言,解决民众激烈反应的有效方法也许是提前进行互动式的艺术教育与疏导。

6.1.2 静态中的生机

亚历山大·考尔德(Alexander Calder)是美国最受欢迎,在国际上享有崇高声誉的现代艺术家,是20世纪雕塑界重要的革新者之一。他以创作风格独特的"活动雕塑"和"静态雕塑"驰名于世。他的静态雕塑,展示沉重钢铁的轻盈舞姿,其活动钢铁雕塑则靠风力产生动态平衡的美。

考尔德原本学习机械工程后来转而从事艺术,参加了纽约的"艺术学生联盟"(Art Student League)。考尔德一生为散布在全世界的公共空间创造出上百件固定雕塑品,从密歇根的大瀑布市(Grand Rapids)到意大利的斯布来多市(Spoleto),都有他的手笔。考尔德的作品在世界上最富声望的博物馆和美术馆举办过无数次展览。他

考尔德 1974 年创作的红色巨型雕塑《火烈鸟》，坐落在由密斯·凡·德·罗（Miles Van der Rohe）设计的三座现代联邦大厦环绕的露天广场上。雕塑 53 尺高、29 尺宽、60 尺长，由钢板制成，总重量达 50 吨，形似一架弯下了吊臂的起重机模样，人们可以在它的身体下穿行。

火烈鸟模型，是户外固定雕塑物的小的复制品，为毗邻的约翰·克鲁兹苏奇（John Kluczynski）联邦大厦创作。这座小的火烈鸟模型特别设计给有视力障碍的人欣赏，让有视力障碍的人感受复制品与原雕塑之间对比的冲击。为了方便感知和与作品互动，模型减至原来大小的十分之一。

改变了过去大型室外雕塑都是写实的纪念性主题的状况，进而把前辈们在室内试验的抽象作品直接转化为室外公共艺术品，使雕塑艺术展览大规模走到了室外与公众进行交流。

在芝加哥联邦中央大厦广场，《火烈鸟》以斜线和弧线来展现形体，在整个造型中几乎没有一条垂直线和水平线，雕塑用鲜艳的色彩和庞大而又空灵的形体与周围的立方形现代建筑形成一种鲜明的对比。但是，作品的线性造型又与建筑的直线语言构成一种内在的联系，从而创造了一种富有生机的环境氛围，这也许是雕塑结合现代建筑营造场所的完美

位于纽约的考尔德风动雕塑使空间显得灵动，充满生机。

范例。

考尔德让雕塑产生运动变化，其用意在于满足人们的精神愉悦，使人产生视觉快感。为了探寻动态雕塑的运动源泉，考尔德曾使用过一种电动马达，但又放弃了。他后来的作品通过力学的计算会在微风的吹拂下产生舞动。它们以空气为能源得以运动，并在动态中获得生命，因而它们的运动超出一般机械活动的轨迹，具有更加浪漫的意境。

20世纪60年代后半叶，当摩天大楼无休止地使用玻璃幕墙时，考尔德运用不同的色彩配合不拘一格的、有机的雕塑形式出现在公共空间，为日益封闭的城市开启了一条新的地平线。

6.1.3 野性的回归

当现代文明急速发展的时候，艺术却出现了对精神价值的探究和对现代文明的反思。艺术家们对曾经指导整个历史的传统美学提出质疑，开始寻求新的"艺术的真实性"。

让·杜布菲艺术生命的正式展开是在二次大战之后，但学院派的风格传统和当时的抽象主流对他的创作影响不大。这与杜布菲深受战争时期欧洲道德危机的影响有着深刻的关系，对文明价值的质疑使他返回到了艺术最初的起源上，一些不受重视的边缘文化如原始艺术、东方艺术、儿童绘画以及巴黎的街头涂鸦成为他的艺术源泉。

杜布菲提出了反文化的口号，探索新的自然主义的表现形式。其作品引发人们思考的核心问题是：艺术的本质是什么？艺术家的职责又何在？他向公众展示艺术"真实性"的同时也唤起了我们内心潜藏的原始情结，那是一种从儿童身上可以看到的情结，是一种活跃在艺术家心中，左右艺术家创造灵感的神秘力量。正是这一点引发了人们对文明的反思，在对非理性和幻想绘画的探索中，杜布菲找到了一种全新的自然主义视角，呈现出最现代的精神内涵，拓宽了审美范畴。

他认为，艺术家最重要的任务是想象，想象那些不可预期的、令人惊讶的世界，这样的艺术作品才丰富，才能更多地表达，并在作品中呈现世界的真实，而不是去伪造支票似

位于芝加哥伊利诺伊中心门前的杜布菲作品《立兽的纪念碑》（创作于1985 年），狂野之中散发着诗意，颇似冰山的融化，或者夏日空中大块白云的堆积，甚至可以令人联想到海上飘摇的帆船。正是这种联想为钢筋水泥的大厦广场带来了一丝柔情，一丝幽默清风。

的假冒自然或人的表象。

正是在这种率真的呈现过程中，杜布菲的作品流露出了粗糙、狂野和极乐的气氛，爆发出了一种深埋在城市中的原始激情。这是现代化时代的人类野性的回归。

6.2.1 装满空气的梦者

旧金山促进局的公共艺术百分比计划规定，Yerba Buena 中心重建项目地区内的重要私人建设须将建设资金的 1% 用于永久性公共艺术创作。W 旧金山饭店（W San Francisco Hotel）位于该项目所在地区，《装满空气的梦者》这件作品的 40 万美元经费就是来自 W 旧金山饭店的管理集团。

《装满空气的梦者》是一个用煅铜带编织而成的巨大人体雕像，放置于 W 旧金山饭店建筑入口上方。由于强化了网格的效果，所以雕塑家本人说作品是由"铜和空气制成的"，因此被称为"装满空气的梦者"。尤其是天色暗下以后，作品内部和前部的光，更突显了编织网格的效果，而这种网格又在视觉心理上融化了空间的界线，正是这种空间的穿插，使后来加入建筑的艺术作品能够更好地融入环境，形成建筑的特殊表情，增加了建筑的识别与记忆。

艺术家有意模糊了人体的性别，而且人物动作既可以理解为即将进入梦乡，亦可理解为即将从梦中醒来，遥看星空。在一个非常公开的空间里展现一个非常私密的时刻，既体现了雕塑家的幽默，又突显了饭店的特殊含义。

艺术家迈克尔·司徒茨（Michael
Stutz）的作品《装满空气的梦者》，
位于 W 旧金山饭店的入口上方。

6.2.2 掠过大海的飞鱼

弗兰克·盖瑞（Frank O. Gehry）1929 年 2 月 28 日生于加拿大多伦多的一个犹太人家庭，17 岁后移民美国加利福尼亚，是当代著名的解构主义建筑师，以设计具有奇特不规则曲线的建筑外观而闻名，盖瑞的作品具有极强的雕塑感，与同期的现代主义建筑主张的以空间为核心诉求的设计理念背道而驰，因此被称为"雕塑派建筑"，独树一帜。

盖瑞曾为巴塞罗那海边的一个高层大厦建筑的外空间门棚做了一个影响区域景观的大胆设计——在海滩的阳光下掠过海空的金色飞鱼。

巴塞罗那奥运会期间，曾在附近海域举办过划艇比赛。这件巨大的兼具实用功能的雕塑赋予建筑特别的气质，为哥伦布和高迪大街增添了新的活力，其形象蕴涵的无可抗拒的张力影响了区域环境视觉系统，成为该海湾的视觉名片。

弗兰克·盖瑞设计的与建筑结合的巨型飞鱼雕塑，成为该区域的标志。

6.3.1 摊散的纪念碑

在林肯艺术中心的一角，有这样文字的铜牌："艺术不是为那些拥有特权的少部分人，而是为了大众；艺术场所不是在日常生活的外围，而在中心；艺术及其场所不仅仅是体现娱乐的另一种形式的功能，更应为人们的幸福和快乐做出贡献。"这段约翰·洛克菲勒三世写于 1963 年 6 月 22 日的文字，可以作为美国文博机构公益性的最好注脚。

"纪念碑"这个词源自拉丁语，原意是"为了记住"。作为纪念碑中树立起的雕塑应该保存、构筑一个城市或者一个人的标识记忆。1997 年，在美国首都华盛顿，一座酝酿了半个多世纪的纪念碑——罗斯福纪念公园终于建成开放了。

罗斯福纪念公园中的罗斯福像，罗斯福身披斗篷，面容坚毅，他的心爱宠物——小狗法拉陪伴在侧。

公园的总设计师劳伦斯·哈普林（Lawrence Halprin）曾明确表示："我们设计罗斯福纪念广场的目的，不是建立一个孤立的象征物，而是从根本上追寻一种完全的体验。这种设计强调一种唯有通过时间和空间的体验才能创造出的特有品质，换言之，我们的根本目的是营造一种纯粹的体验式空间，

与华盛顿纪念碑形成纵轴关联的罗斯福纪念公园。　　罗斯福纪念公园序曲，整个空间的设计始于一种开阔宁静的状态。

而不是仅仅停留在视觉的层次上。这种体验式的空间设计着眼于景观的激发、互动功能，因而它也必然适合不同年代的所有人群。"

总设计师哈普林设计的这座以纪念公园为形式的纪念碑与华盛顿特区其他总统纪念建筑相比，没有拔地而起的恢宏壮观的建筑，没有高高在上的雕塑。3万多块重达6千余吨的花岗岩堆起的石墙、超写实的青铜雕像、浮雕、组合柱体是这个公园的主体。

罗斯福是美国伟大的总统之一，他带领美国民众度过经济萧条和第二次世界大战，奠定美国世界第一强国的地位。为缅怀他而计划兴建的纪念公园几经周折，最后确认了哈普林的设计方案，经念碑从此进入由垂直性纪念物转换为水平性纪念空间的新纪元。

在以华盛顿纪念碑为中心交点所形成的纪念空间网格中，林肯纪念堂与国会大厦坐落在东西轴线两端，白宫与杰弗逊纪念堂呼应南北轴线。而罗斯福纪念公园则位于华盛顿特区的西南侧，与潮汐湾凸出的岸边及对岸的杰弗逊纪念堂遥遥相望。

可以毫不夸张地说，罗斯福纪念公园是一部心情和序列空间互动的"舞蹈作品"，处处显露出空间设计者的睿智。

公园中重要的空间围合元素石材，来自于罗斯福的家乡新英格兰草原，简洁坚硬和富有张力的质感传达出罗斯福的魄力和坚毅的个性。

哈普林的设计有一种流动感，它来自现代舞蹈。哈普林设计了很多作品之后，仍常常会把自己当作是一个舞蹈的编导。他说："我早就明白，对于运动的理解恰恰是理解景观建筑本质所必需的前提。"

这个设计以一系列花岗岩墙体以及喷泉跌水和植物空间营造了四个各自独立但又一气

呵成的空间，代表着罗斯福的四个时期和他宣扬的四种自由，以雕塑表现每个时期的重要事件。

入口以巨大的花岗岩形成屏蔽，界定公园外广场空间，而后是一个令人静穆的序曲空间；而进入大萧条和二战时空阶段，空间渐渐变得紧张、强烈和喧嚣；然后到1945年罗斯福去世，空间所呈现的情感达到高潮；直到美国进入战后时代，才在空间的设计中显露出一种谨慎的乐观精神。

一区——序曲

以瀑布呈现序曲，恰似中国人赞誉君子上善若水的品格。

从岩石顶倾泻而下的水瀑，平顺有力，象征罗斯福总统就任宣誓时所表露的那种乐观主义与一股振奋人心的惊人活力。

二区——经济恐慌

第二个空间承接第一空间，以"罗斯福新政"与社会福利制度的建立为主题，同时容纳了著名雕塑家乔治·西格尔与罗伯特·格罗汉姆的杰作，尤其是题为《面包队》与《炉边谈话》的作品，再现了困苦岁月里罗斯福给予民众的食物和精神。《面包队》记录着长长的等待领取面包的队伍，一张张带着饥饿表情、面容憔悴的脸诉说着苦难岁月；《炉边谈话》则表现了聆听收音机中罗斯福每晚以乐观的语调与民众谈话，百姓在沉思中聆听着希望的场景。

格罗汉姆（Graham）的作品表现了这一时期的相关社会改革项目，作品是一个大型的浅浮雕，记录着民众齐心协力度过经济萧条时期、艰苦打拼的一个个片段。

雕像再现了当时领取救济食物排队的悲凉景象。

一对无望的夫妇在他们的面包房前

一个感到孤独的雕像紧靠收音机坐着，听着罗斯福总统的《炉边谈话》节目。

石墙上另刻有不同的手印与
面容，与本区中央石柱上的
雕刻一一对应，表现了经济
大萧条时期人们恐惧与无助
的心态。

石墙上的青铜浮雕表现了那个时期的大众生活和工作的场景。

三区——二次大战

水瀑在此区变得更加激昂并具有威胁性，从石墙上喷涌而过并淹没了周围的其他声音。公园中典型的花岗岩墙壁也逐渐变成被切割的锯齿状而显得极不稳定。水瀑裂开倾倒在广场上，似乎是被炸弹引爆。在这里，咆哮的水更像罗斯福总统爱好和平、痛恶战争的疾呼演说。

第三、四区过渡的标志是艾丽诺·罗斯福（Eleanor Roosevelt）夫人的雕像，她的雕像占据的空间也标志着第二次世界大战的结束和另一种不确定世界的开始。

瀑布展现了呈示部的激昂

在由园道进入第三区的步道口，破败凋敝的花岗岩散置两旁，有如经过战争蹂躏一般残破断折，不规则的搁置使岩石有如被炸毁的墙面一样，象征二次大战带给人们的灾难。

艾丽诺·罗斯福夫人雕像

对角端景是动态有序的水景，衬以日本黑松，产生一种和谐太平的景致。

四区——和平富足

战争已经结束，自由也已经取得，新的国际合作的时代已经开始。到处一片欣欣向荣的景象，空间不再被墙和廊道局限，而进入一个宽广的圆形广场。

曲终——自由价值

这个空间极富活力并且充满愉悦，水流似乎也带着欢乐的迸裂声从石头上涌出。它的场域精神就像罗斯福的告别演说概括的那样："实现明天梦想的唯一局限就是我们今天的犹豫不决，让我们带着积极强烈的信心前进！"

在公园出口，远眺杰弗逊的轴线步道旁，墙面的终点所刻的就是最令人向往的四项自由——言论、信仰、免于匮乏、免于恐惧的自由。

6.3.2 融入大地的怀念

位于华盛顿特区的越南战士纪念墙延续了美国国家意识纪念地的布局规划，越南战士纪念墙的两端墙头恰巧将林肯和华盛顿纪念碑连接起来。纪念墙坐落在华盛顿特区的东西轴线上，突显其在美国国家和民众中的地位。

顺着纪念墙的延伸线可看到华盛顿纪念碑。

纪念墙巧妙地利用坡地，截取两端消失的断面墙体，使纪念墙与大地形成和谐的整体。

由华裔设计师林璎设计的这一纪念场所充分利用了自然坡地的起伏，由两扇黑色抛光花岗岩墙体组成，两扇墙体成夹角相对，两端逐渐缩小，使整体造型最后消融于大地之中。

纪念墙设计者希望它不仅带给人们对死难者的缅怀，也带来人们对大地的敬仰和对和平的祈求。抛光的花岗岩墙体上镌刻着阵亡战士的名字——从第一个到最后一名在越南战争中阵亡的将士名单。

游客可以在杰弗逊纪念馆前坐着享受阳光，在华盛顿纪念塔附近悠闲散步，但当走过那映射自己身影、刻满阵亡战士名字的墙体时，不得不放慢自己的脚步去缅怀、祈祷、反思……

虽然纪念墙呈现出的失落感和痛苦是它的基本语言，但这却不是它唯一的诉求，在外观上像是地面上的一道裂痕，仿佛大地的伤口。这种创伤会让人们反思：战士的牺牲是否值得？这样的战争是否应该再发生？也许纪念墙本身所代表的只是问号。

6.3.3 剑与盾的对话

穿过巴塞罗那著名的菲利普二世巴赫·德·罗达大桥，在其东北部有一个大型纪念公共广场——莫拉加斯将军广场。这个小型广场大约占地5000平方米，是为了纪念一位名为莫拉加斯的加泰罗尼亚将军而建，他因在西班牙王位继承战争和围攻巴塞罗那战役中的英雄事迹而名垂青史。被捕之后，他尝试越狱并组织抵抗运动，在1717年遭到杀害，首级高悬城门12年。

广场设计者为奥加·塔拉索，雕塑为美国雕塑家艾斯沃斯·凯利（Ellsworth Kelly）所

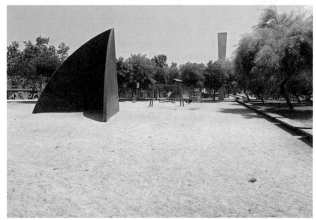

凯利创作的《剑与盾》位于广场中部，形成广场主要视觉轴线，二面对位法构成的雕塑进行着剑与盾的对话。

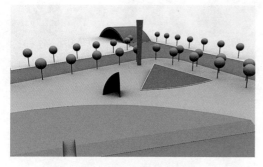
广场整体布局以剑与盾的意象形成分割广场的对角线。

别出心裁的"矮墙"构成了广场的边界。

设计。凯利没有采用通常的纪念碑造型营造广场主题空间，而是沿用自己的极简主义风格设计了富于哲理并充满诗意的两个遥相呼应的形体——"剑与盾"，借以演绎将军的非凡品格，使意象空间成为广场的主语。雕塑由两个简洁有力形体组成，呼应广场空间，高耸的不锈钢形体向天空扩展，与另一端钢板的折角造型形成材料与形体上的对比和呼应。

广场北部采用了类似筑堤的砖贴斜坡，沿着三角形的一边伸展出一个平缓的、带角的、红砖制成的堡垒，它打破了原有的视觉效果，创作出一个双重空间分割广场与街道，聚焦了"剑与盾"之间的对话语言。

6.3.4 悲剧舞台

旧金山林肯公园中的犹太人大屠杀纪念场，是一种类似舞台空间的纪念场。对于犹太人大屠杀纪念场而言，悲剧的舞台以艺术手段演绎着苍凉之美。

雕塑家乔治·西格尔（George Segal）对"人"的持续关注早已超越了对事件本身的诉说，他以独特的形式魅力超越了人性的黑暗。1999年美国总统克林顿授予乔治·西格尔一枚国家奖章，表彰他在描绘日常生活时"深刻地把握了人类情绪的深度"。西格尔如此评价自己的作品："人们管我创造的东西叫雕塑。但我对此的反应是，他就是日常生活里的人。"

西格尔创造的犹太人大屠杀场景更像是一个悲剧舞台，有11个从真人身上翻制的人体，旁边有一道铁丝网将摊散的人体与远处的风景分离，铁丝网旁边站着一个衣衫褴褛的幸存者（他是以一名犹太幸存者为模特翻制的），凝视着远方，在他的身后，散乱的十具尸体似乎溶化在了加州的空气中，就像周围的风声、鸟鸣和幸存者目光所及的远处的草地、绿树、大海、帆船……一切都成为一个整体，只剩下静静的大屠杀死难者的无声的控诉……

永远沉睡的死难者

幸存者无助地注视着远方。

《犹太人大屠杀纪念场》（左图）

6.3.5 错位的空间与永恒的纪念

位于洛杉矶会展中心前的琳悉（Gibert W. Lindsay）纪念广场是为纪念第一位担任洛杉矶市议员的非洲裔美国人琳悉而建。他从 1963 年至 1989 年连任 8 届洛杉矶议员，深受市民的拥戴。

艺术家威廉姆斯（Pat Ward Williams）在广场中用三个三棱柱的均衡围合构成了空间的主体，其中的人物照片被三棱柱分割，形成了人物形象的错位与重新组合。由于三个三棱柱上的形象均为同一张照片。在人们的好奇心驱使之下，往往会顺着三个柱体的不同方向反复观察，简单的形体营造了丰富的空间变化，观者时而与纪念像对视，时而置身其中，时而凝视地面及柱体上与人物生前事件相关的历史照片。主人公的故事在观者的主动探究与体验中被传阅，使错位的空间转化成为永恒的纪念。

通过对平面摄影语言加以三维解构所创造的纪念空间

通过三棱柱的围合放置，无论从三棱柱的任何一边观看，均可以获得一个较为完整的人物形象。

有关琳悉的其他小照片被镶嵌在三棱柱或周围的地面上。

6.3.6 9·11国家纪念园：零度空间的精神涅槃

美国世贸中心的 9·11 国家纪念园是为纪念在 9·11 事件中的遇难者而建立的，其核心理念就是"替代"，用虚无的空洞替代原有的世贸中心。它强调从收集、记录事件本身所带来的冲击与影响出发，铭记灾难、抚慰哀伤，最终在一种精神的虚空中升华出新的生命活力。这是"零度空间"的精神涅槃，也是人类在遭遇极度困境时的新生，这种语言既呼应着主设计师麦克·阿拉德（Michael Arad）、彼德·沃克（Peter Walker）"反省缺失"的理念，又可以在纯艺术的历史中找到清晰的轨迹，是一种创造性的"挪用"。通过挪用，艺术语言像一颗饱含基因的种子，在这个空间中生发出新的更大的意义。正如迈克尔·勒博夫（Michael Leboeuf）在《假想工程》（*Imagineering*）中所言："所有创新的想法都来源于对旧事物的借鉴、扩充、组合与修改。如果你只是偶尔做到了这点，别人会说你幸运；而如果你有意识地这样做，别人就会说你有创意。"

作为主创设计师，麦克·阿拉德想让观众自己去感受这些场域中的信息，提供一个"空"的载体让观众在现场生发出自己的独特感受，所以在国家纪念园的纪念碑上，铭刻着"反省缺失"（REFLECTING ABSENCE，另译"空之思"）的字样：一方面，两个单词本身的基本内涵呼应了该场域在空间和时间层面上的正负关系与替代意义；另一方面，"REFLECTING"的进行时态似乎也强调了观众的在场体验和一种永恒的东西——"此在"。

9·11国家纪念园的主体是在原双子塔遗址上修建的两个水池。

高达30英尺的瀑布倾泻入池，最终汇入池中央的深渊。

毋庸讳言，9·11事件给人们带来了广泛的创伤，对于相关者也许是一种永恒的伤痛，尤其是逝者的亲人，以及亲历现场的人，似乎是一个永远都无法平复的黑洞。而这也正是艺术设计可能的发力点。

生死边界——虚池与罹难者铭板

在建筑师麦克·阿拉德的设计方案中，原来的世贸双塔遗址变成了两个边长约 200 英尺的纪念水池，即"虚池"(Voids)。池深约 30 英尺，周围环绕着轰鸣的瀑布，从纪念馆外墙飞流直下，坠落反思池中，然后又被吸入池中央的巨大空洞中，观者似乎怅然若失而又若有所思。从艺术形式的角度，我们可以看到极简主义艺术家迈克尔·海泽（Michael Heizer）的影子，其著名的大地艺术作品《置换–替代》既是对抽象的正负空间关系的艺术思考，更表达了对艺术原初野性与神秘力量的追求，并试图通过这种原初与极简的形式观照更大的时空关系，活脱就是"虚池"的原型。其实 9·11 国家纪念园的另一位设计师彼德·沃克本身就是极简主义设计大师，他在对法国、日本等古典几何园林的现代解读中，强调利用几何形式的节奏、重复来观照有机物和自然界的脉搏。极简主义的景观设计

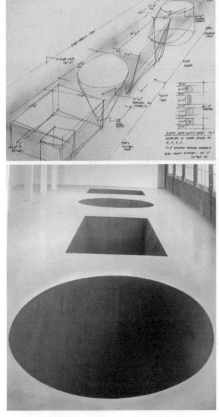

迈克尔·海泽和他的极简艺术

也被认为是利用还原的方式"展现与揭示环境、人和物品三者之间的关系",最终提供一个可以体验的空间,使观众获得一种对原初物的直接体验。这种艺术形式与观众体验在9·11国家纪念园的设计中充分体现出来。

在这里也可以清晰地看到华裔设计师林璎的作品《越战纪念墙》的影子。在每个反思池四周都有斜坡和胸墙,2982名9·11事件遇难者的名字就刻在这些胸墙上面。不同于《越战纪念墙》的是,9·11事件死难者的姓名不按任何顺序刻在两个水池周围……正如设计师阿拉德所言:"因为任何一种排列顺序都可能引起参观者的不适和悲伤。参观者如需寻找已逝亲朋的名字,只需请工作人员引领,或者借助位置索引词典。"

人们来到这里寄托哀思,反而因为设计师制造的空间黑洞以及消失在深渊中的水流而平复心中的缺失,在场体验到一种零度的空间,生发出新的精神活力。在现场留下遇难者的姓名正是设计的另外一个核心理念。于是,朗读遇难者姓名成为最早的纪念活动之一,并迅速成为了每年的惯例。正如阿拉德所言:"我希望我的设计能够唤回人们对所有遇难

《越战纪念墙》和9·11国家纪念园"虚池"胸墙上的人名

者的追念和回忆，并创造出一件建筑精品，使得人们有机会到那里去寻找人生的意义，哀悼遇难者。"

场域精神——纪念广场

纪念广场环绕着纪念池，占地约八英亩。它的设计理念是通过一种运动模式创造出象征性的空间，提供一个可以沉思和具有纪念氛围的场域。在这里，游客首先穿越一条清晰的界限，从喧闹的日常生活切换到绿树成荫的纪念空间，和着雷鸣般的瀑布，快速洗去尘世浮华，获得精神的慰藉。而在日常的生活中，这里又是平静的休息空间，单纯的材料语言强化了其宁静的感觉。

"空"的力量与边界对应——橡树林

设计师彼得·沃克表示：园林必须空旷，以使其显得更为强大，同时为参观者、曼哈顿下城居民和上班族提供一种公园氛围。虽然这一园林设计听起来很简单，实现起来却

除了一棵被称为"幸存者"的卡勒梨树之外，纪念广场的所有树木均为沼泽白橡树。这棵卡勒梨树于1970年代种植于原世贸中心广场，9·11事件后，工人在世贸中心的残垣断壁中发现了这棵已变成一截8英尺高树桩的残树……此树被移植到纽约市的一个公园接受照料，春天时节竟然发出新枝、开出新花，长至30英尺高。2010年12月，此树移回世贸中心遗址。

极具挑战性。对他而言，就是要用最少的元素办最多的事。选择种植橡树，与其在西方文化中的丰富内涵有关。在宗教、神话、巫术中，橡树具有神秘的生命力量，而在现实生活中，人们又常常把红丝带系在橡树上，以表达对远方亲人的思念。

在艺术中，划时代的艺术家约瑟夫·博伊斯（Joseph Beuys）在 1982 年的第七届卡塞尔文献展上，开始实施其《7000 棵橡树》计划，以橡树隐喻生命的重生。在该艺术计划中，博伊斯用了 7000 块玄武石与橡树形成对应关系，摆放在卡塞尔弗里德里希广场上，观众只要捐献 500 马克就可以移开一块石头并在这里种上一棵橡树，随着时间的变化，玄武岩似乎永远静止不动，而橡树却在不断长大，与玄武石形成了新的对应关系，并突显出其在"社会雕塑"中产生的生命力量。

博伊斯与其《7000 棵橡树》

无独有偶，1984 年美国雕塑家贝尔利·佩伯同几位建筑师合作，为巴塞罗那的北站公园设计了一组大型景观艺术装置，其中，《树之螺旋》利用树在四季的不同变化，营造了一处直径约百米的开放式的旋转下沉空间，呼应着景观中的另一个重要元素——象征阳光的"坠落的天空"。于是，太阳与树荫就自然形成了一种"有意味的形式"。而彼得·沃克在 9·11 国家纪念园种植的橡树林也正是利用单纯的橡树元素，让不同的观众和游客获得更加丰富的信息。

沃克在设计方案的文字稿中写道："纪念广场是个过渡空间，它属于纪念园，也属于这个城市。广场位于街道边，是所有纽约人休憩的场所。我们不想让它和城市的其他部分隔绝开来，而是要与城市融为一体。"

建筑的可持续性

纪念园的基础设施采用了一种"共享沟"的形式，形成了一套完整的系统，整合了灌溉、电力、排水等不同的工程项目，不仅便于维护，也延长了其使用寿命。特别是纪念园下面设计的雨雪收集与循环系统，满足了树林和草皮的浇灌需要。这些又与纪念园的人文设计自然融汇，成为统一的艺术整体。

6.4.1 极简的复述

2004 年 12 月 10 日，法中文化年之际，法国极少主义大师丹尼尔·布伦（Daniel Buren）在北京最著名的古典建筑——天坛举办了名为《从天空到天坛》的展览。布伦注意到长达 300 米的丹陛桥在古代是皇帝行走的道路，南北两边的古典建筑都是三角形的顶，因此他在丹陛桥两侧各设置了 115 面特有的符号旗帜，就好像等待检阅的军队一样对祈年殿形成烘托，这些旗帜引导观众对这个古典名胜生发更多的想象。

布伦曾经激进地批评传统画作和一般的装置艺术，他在设计、颜色、形

丹尼尔·布伦的《从天空到天坛》，高达 2 米的旗帜在天坛的轴线丹陛桥两侧张扬。

式上持续不断的改变给这种有装饰作用的条纹注入新的动力，足以让观众有新的感觉。

丹尼尔·布伦，1938 年出生于法国布罗涅·毕昂古，早在 20 世纪 60 年代就动手把一件物品染色并和相等宽度的白色条纹搭配，使用这些 8.7 厘米宽的条纹布进行艺术创造从此以后变成他的标志语言。他应邀在世界各地现场创作的作品无数，无论是短暂的还是永久的。

丹尼尔·布伦作为法国当代艺术家，也是当代国际观念艺术的重要代表人物。他的

布伦 1985—1986 年为巴黎卢浮宫前巴莱洛瓦亚尔的庭院创作的《两个平台》，或称之为《布伦柱》，黑白色条纹柱体与回廊列柱协调一致。

黑白色条纹柱体与窗帘共同创
造布伦的艺术空间。

艺术以简洁明快的"后极少"风格著称,他在公共艺术作品中着重探讨了展览始于何处、在哪里结束、其间的事物为何、作品的状态等,其作品特征是在公共环境中通过不断重复、规整划一的竖带交替条纹创造出一种超越时空的"概念结构"。他认为作品不仅要受到环境的启示,更重要的是和环境达成真正的统一,即作品来源于环境,具体环境产生具体作品,具体作品吸收所在环境的特殊意义,从而获得一种独立精神场。此外,作品本身特定的形式也会表现某种独特的想法,正因为如此,才能对它进行修改,甚至把它搬到另一个地方,也不失去作品的意义,还能带着原地的部分精神走到其他地方。

也许,正是丹尼尔·布伦的这种"场所"意识,才使他那极端抽象的艺术作品具有很强的社会意义。正如他自己强调的那样：如果作品无法提出一些疑问，引起对艺术家毫无兴趣的一般人质疑的话，作品的存在与否就无任何意义。如果存在于某个空间的物品，对任何人都无任何意义的话，物品就毫无存在价值。布伦的艺术行为试图超越一般公众的审美范围，由于这种超越具有极大的难度，因而具有"赌博"的意味。但是，也只有通过这种超越，才使其公共艺术作品有可能融入到历史建筑中。

尽管公共艺术的重要目标之一是通过艺术对空间的介入，使艺术与人相遇，使人与人相遇，通过对现状的反思，营造更为和谐的公共空间。然而在公共艺术的介入过程中，却又必然面对许多可预估或不可预估的矛盾。他的《布伦柱》在巴黎皇宫花园介入的过程中，遭到了强大的阻力，约有90%的市民对《布伦柱》计划提出了强烈的抗议，甚至要与布伦对簿公堂，以便保护皇宫花园的建筑不被《布伦柱》破坏。由于反对声浪过于强烈，《布伦柱》计划不得不一拖再拖。

然而十多年后市民对《布伦柱》的态度却发生了大逆转，就像布伦自己所言，如果政府决定拆毁这件作品，同样会有90%的市民起来反对。

在众多公共艺术案例中，这种戏剧化命运并非《布伦柱》所独有。这就提出一个问题，公共艺术的独立性在哪里？公共艺术如何做到既有批判精神，又能够营造和谐共享的公共空间？

6.4.2 天空与海洋的幽会

位于巴塞罗那的北站公园是由来自美国的女雕塑家贝尔利·佩伯（Beverly Pepper）和建筑师安德鲁·阿里奥拉（Andreu Arriola）、卡鲁麦·费奥鲁（Carme Fiol）、恩里克·佩里加斯（Enric Pericas）共同规划设计的。这个巨大的公园占地达到22000平方米，由两个具有明显差异的元素组成——太阳和阴影。雕塑家在提出这个方案时解释道：方案中囊括了两种互补的元素——阴和阳，因为毕竟影子是光线缺乏的结果，而光线源自太阳。

在太阳区域，佩伯安放了《坠落的天空》，在阴影区域则是《树之螺旋》。雕塑家负责整体的外形语言创意，建筑师则负责工程本身。

北站公园与北站相邻，位于旧城区享特地区东部的居民区里。1984年，当巴塞罗那市邀请世界著名雕塑家贝尔利·佩伯参与设计加太隆尼亚都市重建计划的现代公园时，她开始实施这个综合构想。

这一公园的基本框架实际上是由两大组景观雕塑组成，雕塑家的原创主题是太阳和阴

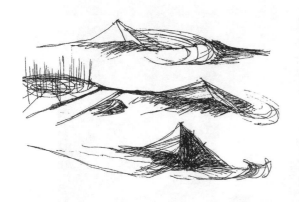

贝尔利·佩伯设计的公园全景草图

北站公园鸟瞰

影，方案中包括了两种互补的元素。在太阳区域，佩伯设计的《坠落的天空》采用了大量不规则的陶瓷釉片制作了两组惊人的大地景观雕塑，但大部分观众体验到的却是"海"的演绎，与艺术家的原创意图几乎完全不同，这也许是公共艺术的魅力之一。

佩伯试图用一个大的景观雕塑表现抽象的"绿与水"主题，她以自然为画布、以大地

佩伯创造了一个独特的海浪形象。

佩伯以自然为画布、以大地自身为建筑材料，综合了许多有关地景和建筑物的现代美因素。

自身为建筑材料构想环境雕塑，表达天空与海洋的幽会。最初，佩伯希望用沙子使波浪体整体部位下沉，但在实施过程中，孕育在她头脑中的想法慢慢转化，她决定使用现有土壤作为容器从而创造出了"填充"的形式。用陶瓷覆盖的土墩，给巴塞罗那北站公园带来让人难以置信的魅力，尤其是更加强调了天空的天蓝色陶瓷，通过反射制造出的景色形成了天、地、海浪的和谐对话。在巴塞罗那，佩伯对手工艺的关注达到痴迷的程度，这与高迪的影响不无关系。

在阴影区域的《树之螺旋》，是对季节变化最好的利用，是佩伯多年体悟同自然相融合的一个完美结晶。佩伯在与加太隆尼亚技术师的合作中，受到高迪运用色彩的启发，尝试将色彩变得光亮且透明。最终，她决定用色彩斑斓的蓝色渐变来暗示天空和海洋，这源于巴塞罗那作为港口城市这一特性。每一片瓦都富于变化，颜色的波动更增添了整体的韵律和流动性，光泽的上釉表层仿佛水彩画卷一般，其反衬出的天空恰恰"下落"到这块奇妙的土地上。

这个作品有两个互相衬托的元素：其一是陶瓷覆盖的土墩；其二是以树木作为元素形

用景观雕塑的语汇建构的公园大门

路灯是佩伯独有的单体雕塑语言。

《树之螺旋》将树木作为景观雕塑的组成部分，运用季节的变化形成丰富的景观变化。

成的开放式的下降螺旋区域，在半径为 180 英尺的公园遮荫处，为公众提供了可以贴近阳光和呼吸新鲜空气的休憩区域。在这以后，这个半球形元素又被运用到意大利皮斯托亚剧院的一处环境雕塑当中。

　　除了这两组大地景观雕塑作品，北站公园的两个大门也是公园整体雕塑形态语言的一部分，甚至连路灯和坐椅也由佩伯常用的雕塑语言组成。

　　北站公园是一个典型的以景观雕塑本体设计的大型公园，充分反映出巴塞罗那富于进取精神的特性。也正是有了这种精神，西班牙才产生了高迪、毕加索及米罗这样的艺术天才。

6.5.1 埋藏在"幽灵框架"下的微笑

要想了解建筑大师文丘里的"幽灵框架"——富兰克林故居，必须先要重温一下本杰明·富兰克林的功勋和人格魅力。富兰克林揭示了雷电现象的本质而被誉为第二个"普罗米修斯"。他是美国著名的政治家、思想家、科学家与发明家，又是慈善家、外交家、美国独立革命的元勋。他出生微寒，但吃苦耐劳，自学成才。他酷爱自由和平，反对战争，在他成名后，又为文化传播、社会福利做了大量工作。

富兰克林是一个富有人格魅力的人，了解了这种魅力，才能让我们理解富兰克林纪念馆设计的独特魅力，既体现了对现实环境的尊重，更是对故人遗愿的遵循。这一有着独特设计的纪念馆一经落成，每年都有数十万人来此参观，被誉为费城最成功的公共艺术之一，凸显了公共艺术的综合价值。

位于费城市场街的富兰克林故居早在 1812 年便被夷为平地。考古发掘的结果，只有故居基础，而无立面细节。现今故居的周围是古色古香的城市老

富兰克林纪念馆没有复原故居的建筑原貌，采取类似原建筑的框架结构形态，被戏称为"鬼屋"。

街，进入庭院要经过一个古老的门洞，首先映入眼帘的是白色的框架勾勒出的故居建筑轮廓，其本身又是一个具有特殊内涵的地标式作品。在框架旁的墙面上，画着故居的平面图，

地铺上的文字讲述着这里曾发生的事情。

从地上的天窗可俯看留存于地下的历史遗迹。

并在旁边地铺石板上刻有相关的文字说明，再加上庭院西侧墙面上的图文展示，叙述着遗址的变迁，更加强了空间的复杂性与矛盾性，使人感到一种时空倒流的错觉。就在这种错觉产生的瞬间，似乎能够感到富兰克林的灵魂刚刚经过空空的白色框架，而富兰克林的主体展馆被设计在庭院地面以下，主入口在庭院西侧的中间部分，由一条平缓的无障碍坡道导入地下展馆，展馆内设有互动展示和一个小放映厅。互动设计中有 49 个电话站，观众可以通过电话与富兰克林同时代的名人联系，聆听历史人物对富兰克林的评语 …… 观众似乎走进了前世伟人的生活世界，这种互动式的体验比高高在上瞻仰的纪念碑也许更加令人怦然心动。

更为绝妙的设计还是地面部分，在主展厅被放入地下以后，地面上的主要处理方式包括故居的抽象框架，以及可以从地面看到地下考古遗址的水泥展窗等，人们透过展窗可以在进入地下展览空间之前，一睹遗址秘密。人们通过展窗内的文字示意，似乎真的穿越了时光隧道，神游于伟人生前的世界。

框架、展窗均有典型的极简风格特征，在这种对比、穿插、游动之间，故居的空间同周围居住的空间之间形成了一种和谐对比，其核心又突破限定，寻求有效的沟通。

此时此刻，富兰克林的灵魂在微笑，微笑充盈着空间的每个角落。

富兰克林故居的设计并未强调史迹保存的绝对复原规则，除了对现有环境的尊重，设计的指向更注重精神与观者的互动，其精神内核直指社会学，正是这种社会学的转向成就了公共艺术的核心价值。

6.5.2 留存的记忆与再生

位于巴塞罗那圣马提工业区的克洛特公园，是在巨型铁道车间的基础上改造而成，它也是一个开放的公众娱乐休闲广场，占地3公顷。

克洛特公园位于古劳利埃·卡塔拉那斯的东部，市中心的高速路交汇于此，整个公园包裹在居住社区里。建筑师达尼·弗莱依塞斯、维森特·米兰达和雕塑家布赖恩·享特将它设计成一个多功能的公园，其亮点是在废弃建筑的拆除过程中保留了旧工厂建筑的柱廊和墙体片段，并把局部的瀑布景观融入到旧的柱廊片断上，形成了古罗马时代用来排水的沟渠的效果。

设计者们通过功能明确的两个区域对项目加以组织，可供轮滑、脚踏车、足球等项目的场地设置于一个下沉空间成为娱乐区；而休闲区则主要由自然风光、建筑和串联整个公园空间的景观系列门组成，复数的系列门成为廊道，联结起整个公园。

公园占地21500平方米，拥有400余棵树和宽阔的草坪以及花和灌木，成为纯粹的工业遗产和水组成的景观休闲场所。旧工厂建筑的片段墙和烟囱成为新

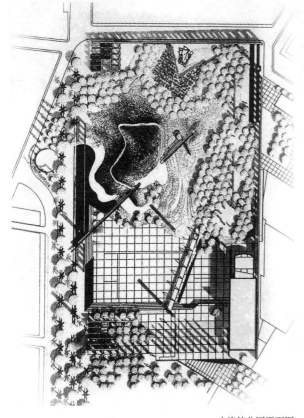

克洛特公园平面图

的具有审美价值的景观，设计者将最现代的材料和遗迹改造巧妙地结合起来。公园的设计注重不同使用空间之间的关系，包括工业废墟和前卫艺术形式之间的关系、雕塑景观与环境景观的融合关系等，形成了独特有效的整体设计，使该公园成为独具魅力的讲述着城市历史故事的宜人空间。

将旧建筑拆除后，设计中保留一扇墙体，在局部形成瀑布水柱廊，从而生成新的视觉景观，使城市的记忆与宜人的空间成为有机整体。

几个古老的砖烟囱也作为历史的象征被巧妙地保留下来，成为公园的坐标。

系列门通过过桥连接两大分区，使空间在变化中拥有秩序。

裸露的建筑框架与雕塑共
同构成露天的雕塑展示场。

6.5.3 变异的基因

1988 年建成的西雅图"西湖公园",采取了大地显影的方法呈现文脉的"基因"。艺术家罗伯特·麦奇(Robert Maki)受委托的任务是为西湖公园创作一件主要的作品,但在接下来的合作过程中,设计的范围和内容都发生了变化,艺术家的触角渗透到公园的各项设计中。

原住民的编织图案转化成当代西雅图城市的地辅设计元素。

萨利希人编织图案组成的地铺将公路与公路两侧的广场连为一体。

公路、街道、城市家具等都融于城市公共客厅的"地毯"上。

系列组合的柱体和浮雕镶嵌既形成视觉导向，又使广场拥有阅读性。

主广场中的立体构筑和水幕使广场拥有空间界定。

公园的花岗岩地铺以萨利希人（印第安人的一支）的红、白、灰编织图案为基本的视觉元素，使公路与公路旁的广场成为有机的统一场域。这种从文脉中发掘基因，或者从其他文化中引入新的基因进行文化杂交的设计方式，成为该公园的特质。

无可争议的是，公园在现代城市生活中成为一种不可替代的别样空间，这种空间作为城市生活中一个独立和重要的场所应具有自身的特质。西雅图的西湖公园就是为了拥有这种特质而引入了萨利希人的文脉。

为了在公园和邻近的罗斯（Rouse）大厦之间创造出视觉强烈的步行道连接，罗伯特·麦奇将萨利希人的编织图案进行了大胆的运用。红、白、灰的花岗岩地铺不仅铺满整个公园规划区，并且延伸到公路及周围的建筑广场，在视觉上拓展了公园的范围，在文化心理上则又突显了文脉的特质。

正如雅克·德里达所言，没有差异性是不具独特性的，没有独特性是不具此时此地性的。

6.5.4 历史碎片的阅读走廊

尽管一千个历史学家会有一千种对历史的阐释，然而如果让历史碎片完全沉寂于某个永恒的幽暗角落，那么今天的城市也许会因此而失去自己的记忆。

在旧金山的历史上，1906年的大地震永远都是无法抹去的浓重一笔，8.25级的大地震几乎将整个旧金山市摧毁。重建之后的旧金山对公共艺术的重视超过了许多其他美国城市，直至今日她已经成为美国公共艺术最为发达的城市之一。

旧金山的"历史记忆标示柱"成为防止失去城市痛苦记忆的特殊坐标。这些路标位于旧金山滨水地区中2.5英里的范围内，共有22根，每根3英尺高，由涂有黑白条纹的金属柱体和多幅历史图片组成，上面印着这座城市的历史照片、文字等，成为阅读城市历史的空间走廊。

无独有偶，鹿特丹是被二次世界大战战火夷为平地的城市，重建后的城市非常重视公共艺术的建设，经过数十年的建设，鹿特丹整个城市成为露天的艺术博物馆。在站前广场附近的一处教堂废墟上，艺术家通过智慧的设计表达实现了城市的记忆传递，成为沟通传统与现代的优秀案例。

柱廊成为阅读城市的立体的历史书。

鹿特丹被二战摧毁的教堂，以后现代的艺术语言重塑了城市的历史记忆，使之成为城市伤痕记忆的精神场。

仅有的遗物成为教堂的精神残片，追溯曾经的历史。

6.5.5 后工业时代的乐园

在美国西雅图优美的弧线海岸，有一个巨大的废旧炼油厂，设计师里查德·哈格（Rchard Haag）几乎完全保留的把这里变成了一个炼油厂主题公园。

炼油厂公园（Gas Work Park）开启了工业废弃地更新再利用的先河。这块巨大的场地是大湖联盟在1906年建立的，开始是使煤变成气体，再后来转化为原油精炼工厂，在20世纪50年代工厂遭到废弃。

1970西雅图公园和娱乐局委托理查德·哈格事务所（Richard Haag Associates，简称RHA）为该区域做总体规划，RHA做了16个方案。1972年西雅图市艺术委员会一致通过RHA事务所的总体规划，经过3年建设，公园于1975年对公众开放。

哈克的方案尊重原地现有设施，将已有的元素作为新设计的出发点，而不是把它从记忆中抹去，设计保留了这片独特的工业场地和构筑物，并循环利用。

工厂原有土壤中的有毒物质用细菌来加以净化，避免了置换土壤造成其他地方的再次污染。公园中以往工厂的痕迹，成为它独特的个性所在。这一项目是对工业时代的怀念和对生态环境关注的里程碑式设计。

发电塔被庄严地作为历史的、美学的、象征的和实际价值的地标性纪念物。

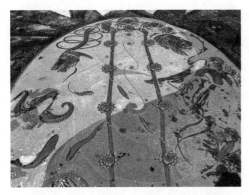

在公园中心的制高点上，以星座为元素镶嵌的日晷。

排气压缩机工厂变成了儿童玩耍的大空间，是涂满各种鲜艳色彩的机器的迷宫。

日晷位于炼油厂公园的人造山坡上，成为公园景观的核心。

　　1978 年完成的日晷增加了公园的内涵，并成为公园的核心，日晷位于炼油厂公园里的人造山坡上，俯瞰联合湖，远端可以看到西雅图市中心的天际线。作品由多种颜色的混凝土、铸铜、贝壳、瓷片和拾得物组成。人站在中间，就成为日晷的指针，可以根据身体的投影判断时间。

利用废弃的工厂改造而成的公园具有很大的社会学价值。（左图）

6.6.1 艺术体验场——纽约炮台公园城

1983 年宣布的炮台公园城的艺术计划，是为纽约炮台公园在下曼哈顿新增的 92 英亩面积而做的设计，该项目濒临上纽约湾，与自由女神像遥遥相望，现在已经成为了公共艺术营造区域空间的典范，是纽约城市中最具魅力的公共场所之一。项目全部建立在哈德逊（Hudson）河畔垃圾填埋场上。现在，这个充满活力的新街区拥有将近 35 英亩的花园、公园以及广场和公共场所，成为炮台公园城的游憩场和美国最具有创新意义的公共艺术项目之一，是具有历史意义的大型城市艺术空间，也是纽约城海滨独一无二的开放空间景观。从当地普通市民到金融家以及蜂拥而至的旅游者，无不感受到该区域（包括可以观望到的自由女神像、爱丽丝岛、哈德逊河、新泽西西海岸线）的独特魅力。

该项目由一个艺术评论家、美术馆馆长、建筑师、艺术史学家组成顾问团，S. Frucher 市长是最终的决定者。炮台公园城主管康里查于 1985 年发布工作计划时，宣称这项工作有别于以往艺术家与建筑师合作的模式，市政府希望赋予艺术家更多的权利，让艺术家营造空间，而非在既定的空间中让艺术家发挥。这意味着以艺术为原点，整体营造城市空间，并从特定艺术空间中增加新的含义来增强观者对新空间的体验成为区域规划的新途径。

纽约曼哈顿的建筑密度之高几乎到了疯狂的地步，然而深入其中，才发现曼哈顿不仅大有方便之处，还可以在理智、冷漠之外创造梦想。世界金融广场就是这种超级网络中留下的空白，一块可以进行精神呼吸的地方，广场在炮台公园城中心和哈德逊海之滨，由艺术家、建筑师以及景观师跨界合作完成，目的是要创造一个连接过去、展望未来的独特场域。

正如福柯所认为的那样：我们也许尚未达到对空间的实际的去圣化。换言之，正是因为人类需要这种"异位"（heterotopias）空间，所以才没有彻底对空间"去圣化"。而在炮台公园城，以艺术家为主导的序列空间打造，无疑是对城市文明的试验和超越，这种超越的努力也正是一种对异位空间的追求。而在福柯看来，异位和乌托邦（utopia）必定有某种混杂的、理想化的联系。

马丁·皮耶尔的《塔门》

《塔门》是两个抽象的图腾柱,也可以说它们是现代大都市的守门人,就像"灯塔"一样。由于体积非常高大,最终改变了周围的空间属性,成为艺术家的雕塑作品成功融入公共空间的范例。

艺术家选择的雕塑安放区域非常特殊,位于渡口码头和北小峡谷海港之间,通过艺术家的设计,无论从陆地还是水上,其观赏效果都是连接两部分的象征入口。在白天,它们是位于海滨地区可以辨识的地标景观,而到了夜晚,则戏剧性地变成了点亮的灯塔。两个柱子形成既具错综复杂内涵,又有简洁明了外形的现代图腾柱,对应岸边这一特殊空间,被放大的就不仅仅是艺术家的作品,而是一种更具象征精神的公共艺术。

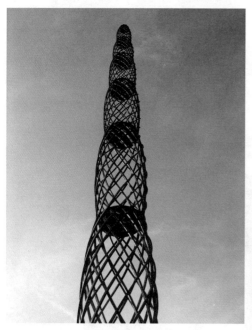

马丁·皮耶尔创作的曼哈顿守门人——《塔门》

玛丽·米斯的《南湾》

《南湾》是一个沉思的观景台,深深地融进大自然,从而达到超脱的境界,就像禅宗的静思冥想,自我与自然融为一体。而对于艺术家而言,由于这种融入,其艺术创作的过程在更大程度上体现了自然生命的活力。

《南湾》由一条码头和栈桥组成的散步小路，以及像女神皇冠一样的望海台构成，整个观景廊桥就像防波堤一样，温柔地弯曲，折向岸边。岸边精心布置的大石块与独具匠心的植物成为重要的设计元素，它们似乎也透着一丝东方美学的"禅"意。

《南湾》是一个大地和水流、自然和城市、过去和现在逐渐融合的综合空间，为人们营造了一个观景、憩息、静思的生态场，因此，这部作品被认为是当代最重要的公共艺术之一。

《南湾》的设计者是居住在纽约的女艺术家玛丽·米斯（Mary Miss），因其作品打破了雕塑、建筑、景观设计、装置艺术、摄影和绘画的界限，而成为当代最有影响力的公共艺术家之一。评论家赫特尼（Eleanor Heartney）对她在当代艺术发展进程中的角色曾经做过下述评论："在米斯这样的前卫艺术家的努力下，雕塑的界限，实际上是艺术的整个意义，已经被赋予了新的含义。"

玛丽·米斯设计的《南湾》

望海台是一个女神皇冠式的造型体。（右图）

步行路上设计了台阶和树木，摆放的石头可供人们休息时用。

延伸到海中的栈桥

栈桥、植物和海水都成为作品的材料语言。

布莱恩·托雷的《爱尔兰大饥荒纪念场》

提起纪念，人们往往会想起高高在上的纪念碑，然而在特殊的背景下，打破模式也许更加符合特殊对象。艺术家布莱恩·托雷（Brian Tolle）的创作就是如此，这归功于他善于使用多种媒介，而且常常是用意想不到的方式超越真实与虚构，超越历史与当代的边界。

《爱尔兰大饥荒纪念场》就是这种特殊的空间营造，是一种遗散的纪念。其实所谓营造，看起来并不复杂，基本上就是实物挪用：把爱尔兰大饥荒时代真实的遗留物（一个破败的村舍小院）移植到纽约的曼哈顿——第一批到达美国的爱尔兰人的登陆地。

作品不仅仅是纪念，更是一种呼吁，唤起民众对灾难的重新审视。托雷通过此作品展现1845—1852年爱尔兰的土豆饥荒事件，当时有150万爱尔兰人死亡或离散。纪念过去是为了面对未来，从爱尔兰遭受饥荒、离散漂泊的纪念场，警示人们关注世界的其他地方也许正在遭受同样的饥荒灾难。人类学会共同应对这样的灾难才是纪念的真实目的。

布莱恩·托雷设计的《爱尔兰大饥荒纪念场》

这种目的是通过进入一种空间体验实现的，这种空间既真实可触，又抽象升华。真实的是来自爱尔兰的一砖、一瓦、一草、一木，一间村舍、一段残墙、一块石头、一捧泥土等等，来自一个真实的饥荒时代的遗迹。漫步小路，卵石随处可见，路旁青草萋萋，崎岖的坡道蜿蜒盘旋至纪念场高处，视线越过水面，可见自由女神和远处爱丽斯岛的景色……然而，正是由于这种超级真实，又使其自身超越了真实。超越的是具体的饥荒事件，升华成"共在"的人类情感。当然，作品还有更多的引申和解析，如泥土、家园与人类关系的隐喻……

纪念场顶部的泥土小路、破败房舍以及植物等，都是从爱尔兰的遗址移植过来的。

纪念场的入口是一条狭窄的通道，通道墙上镌刻的文字和音像影响着参观者的感官。

通过崎岖蜿蜒的坡道可到达上层的高点——观景平台。

这时，我们似乎看到村舍入口玻璃上反射的对岸景色——美丽却不可触摸，听到音频装置中关于世界饥荒的讲述……

雕塑、建筑与诗歌的三重奏——博顿的极简和异位

世界金融广场作为炮台公园城公共艺术计划的一部分，是一个具有庆典仪式性质的开敞空间。艺术作品较好地隐藏在广场设施之中，无论是小峡谷温柔弯曲的轮廓，还是斯科特·博顿（Scott Burto）设计的极简石座和旁边的喷泉，以及沿着成行树木和小路放置的半隐秘的木质凳子、铁栏杆上引用的怀特曼等人的诗句等等，都在一种不经意的艺术介入和人的体验中，诱发纽约这个让人爱恨交加的特殊空间中所隐藏的愉悦精神。

博顿的城市家具

博顿极简的城市家具从另外一个角度追问着艺术和实用的关系。

有座椅功能的艺术品，小峡谷旁边的铁栏杆上刻有怀特曼的诗歌。

这些看似简单的城市家具和整体空间的营造，不能以普通的雕塑概念来衡量。因为极简背后隐喻的，正是另外一种意义上的回归。回归的是空间的整体打造，博顿通过融于空间中的公共设施呈现了雕塑、建筑与诗歌的三重奏。

精神避难与虚拟天堂——奈德·史密斯的《上室》

自从尼采宣布"上帝死了"，物欲横流的花花世界似乎再也不需要宗教般的虔诚与庄严。在这种背弃的过程中，现代社会的繁忙生活似乎也渐渐失去了前工业社会的情趣与魅力，陷入了机械发条齿轮的运转中，永世不得逃离。

正是带着抗衡这种社会发展悖论的愿望，奈德·史密斯（Ned Smyth）的《上室》（*The Upper Room*），重新整合了形而上的精神思索与现实世界的生活体验；整合了虔诚庄严与情趣魅力；也整合了宗教般的精神避难与城市生活的诱惑；甚至还整合了人类的理性与酒

奈德·史密斯的《上室》，1987 年创作，采用的材料有水泥、彩色的聚合玻璃、黄铜、砂砾、胆矾，等等。

《上室》是一个空间体验场，在这种体验中，艺术家超越了文化、地域的疆界，从一种更为广阔的视角，营造了
其特有的场域精神。

棋盘和棕榈树的混合颇有祭坛的感觉，旁边还有 12 把椅子以及另一棵半抽象的棕榈树。

奈德·史密斯超越美国而创作公共艺术，他的作品以拜占庭式的庄重高雅和对工业材料具有创造性的使用而著称。

神精神的体验。

《上室》不仅仅是一座美丽的庭院，它出自雕塑家和马赛克艺术家奈德·史密斯之手，位于艾伯尼（Albany）大街游憩庭院的入口，是一个视觉焦点，但它的作用超越了地标的内涵。

《上室》是一个体验空间，甚至就是一个形而上的建筑空间。其侧面是富含碎石的土红色混凝土构成的柱阵序列，是一种近似建筑物与颇具装饰味道的棕榈树的混合暗喻。在柱阵内部有一张条形桌，上面装饰着几个国际象棋的棋盘，桌面上长出一棵半抽象的棕榈树，上面镶嵌的彩色瓷砖强化了神秘的童话世界的氛围。

整个设计既具功能性又有象征性，进入这个空间似乎能够感觉到古代埃及庙宇的大气以及这种构筑背后的安详宁静。正是这种安详宁静使《上室》在过于程式化的现代城市环境中具有避难所般的意义，也正是这种意义成就了大都市人的精神避难与人间虚拟天堂的体验。

汤姆·奥特内斯：童话中的《真实世界》

汤姆·奥特内斯（Tom Otterness）1992 创作的雕塑装置《真实世界》，位于纽约炮台公园城的洛克菲勒公园。其卡通的形象，诡异的主题，神奇的组合，童话的色彩，不大的尺寸，无不透露出惊人的想象力。

童话世界的故事与公共空间的功能在这里并非是简单地相加。

似乎具有生命的钱币在人造的小溪中堆叠、蠕动……莫名的脚印从半埋在地里的人头中走出……

不同的人群在这里获得不同的感受。

用青铜的材料铸造的动物和人、银行家和强盗、劳动者和朝圣者、捕食者和猎物，等等，具有浓烈的童话色彩。通过叙事，一个个微型的小故事似乎在隐喻着纽约这个世界上最繁华的大都会，隐喻着小人物的生活以及小动物与其生存环境的抗争。

这里有怪异的小人，也有跳跃的青蛙、倾斜的塔、半埋在地里的人头，还有结合城市设施安装的人兽合体的精灵，更有在艺术家作品中不断出现的钱币，以及雕塑之间的相互吞噬……既为人们带来欢乐，也体现了艺术家对社会的批判。只有静静攀爬在路灯上的死神，默默地注视着这里的一切。

于是经典的童话故事在视觉呈现之后，却在不经意之间透露着一种莫名的黑暗色彩。正是这种黑暗色彩与天真无邪的童话之间产生了一种艺术上的张力。也正是这种艺术的双重性既让儿童进入其中尽情玩耍，又让成人在枯燥的现实中感受到传说与迷思的真实。更为重要的是，这种"进入"与"迷思"成就了创作者汤姆·奥特内斯作品的迷人特色。《纽约时代》更大胆地预测：汤姆·奥特内斯将成为公共艺术领域中最成功的雕塑家。

死神的黑暗与童话的明亮形成对比。

死神的黑暗与童话的
明亮形成对比。

6.6.2 解构一切传统——巴黎拉·维特公园

位于巴黎市东北角的拉·维特公园（Parc de la Villette）是在屠宰场和肉市场的旧址上修建的，是法国政府按照 21 世纪公园标准打造的一个充满魅力的公园。建筑师伯纳德·屈米（Bernard Tschumi）采用了解构主义手法，打破一切原有秩序，拆除旧址上的一切建筑，以大胆、离奇、怪诞的设计实现了自己的艺术理念。

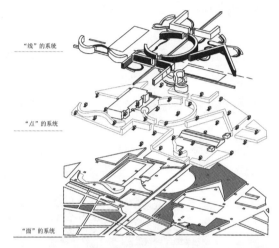

公园以点、线、面为基本的构成系统。

一系列的红色构筑体成为公园的节点标志。

波浪形的长廊

拉·维特公园的确是一个现代化的体系，设计漂亮、新奇，功能多样。作为21世纪公园概念的先锋，拉·维特公园是法国政府为纪念法国大革命200周年而建造的，是当时巴黎建设的九大工程之一。整个公园占地55公顷，分为3大块。其中公共空间——中心公园占地35公顷，剩余空间被科学工业城（一座由上世纪60年代的屠宰场改造而成的国家科学博物馆）及音乐城（内有国立音乐舞蹈学习表演中心）占据。35公顷的公共空间包括一个展览大厅（由19世纪的肉市场改造而成）和许多主题花园。拉·维特公园是巴黎市中心最大的公共公园。

公园的设计采取国际招标，参加竞标的设计师来自37个国家和地区，人数多达472名。最终中标的是瑞士裔美籍建筑师伯纳德·屈米，他的解构主义设计理念包括三个层面，即点、线、面。"点"就是一些怪诞的红色金属结构，屈米把它们称为"Folie"（点的要素），

休息坐椅是艺术结合实用功能的设计作品。

从科学技术与工业展览馆看阿德里安·凡西尔贝（Adrien Fainsilber）设计的《水之星》穹幕剧场，他用布满镜子的球体表现一个漂浮的地球。

怪兽滑梯

奥登伯格的作品《拆散的自行车》

有的"点"仅仅作为视觉要素出现，有的则是具有使用功能的小型建筑。公园中"线"的要素是两条长廊、笔直的林荫道和一条贯通全园主要部分的流线型游览路，再由它们勾勒出一些"面"（根据几何学原理设计的一些平整的空间，比如草地、花园）。这种设计的灵感主要来自后现代文学，而不是常规的景观或建筑设计。

屈米通过一系列手法，把园内外的复杂环境有机地统一起来，园中附设 10 个主题小园，包括镜园、风园、雾园、龙园、竹园、恐怖童话园等，通幽小径和小树林将大量的金属材料隐藏起来，公园看上去更像一个休闲之地。

拉·维特公园的设计曾引起许多有关公园设计的争议，有些人将其划归到世界上最差的公园之列。而屈米则认为，理论家和实践家的区别在于，理论家的唯一责任就是他的理论，公园设计师则负责为公园使用者创建空间，而不是为他们自己扬名。

6.6.3 被放大的民众——芝加哥千禧公园

2004 年，历时 6 年终于完成的千禧公园（Millennium Park）将芝加哥的公共艺术推向了新的纪元。公园所呈现的公共精神以及大众的图像表达，成为哈贝马斯公共领域话语理论的物质重现，"公共"成为公共艺术的形式语言。

原本是宫廷的或者学术的话语方式被拆解在散开的大众之中，谁是图腾？你就是图腾！民众在被置于公共的纪念中并且在他生存的时间中被纪念，他们的淡然面孔就是时代的主

芝加哥千禧公园鸟瞰，图片提供：诸迪。

被放大的民众成为广场的焦点。

语，人民在人民的面孔前嬉戏游玩，纪念并游戏着被放大的民众，这一切同构出一个时代的精神场。

芝加哥千禧公园坐落于繁忙的密西根大道上，占地24.5公顷，长达1英里，耗资4亿7500万美元。公园由露天剧场、过街云桥、雕塑、互动媒体构筑体、生态环境景观等组成。这种融建筑、景观、雕塑于一体的整体打造，体现出数字科技、自然地景、亲民互动的当代公共艺术特点，成为芝加哥公共艺术的最新亮点。千禧公园又被称为"芝加哥的前院"，是芝加哥人引以为自豪的城市客厅。千禧公园虽然严重超支，但开幕的时候仍然得到各界人士一致赞许，获奖无数，例如曾获"最佳公共空间"设计奖。这个占地24.5公顷的公园本身可以说是一个超级公共艺术项目，新的《芝加哥公共艺术指南》即以此项目作为封面。

杰伊·普利策音乐厅

杰伊·普利策音乐厅（Jay Pritzker Pavilion）是建筑师弗兰克·盖瑞（F. Gehry）设计的一个露天音乐厅，高120英尺，占地95,000平方英尺；拥有4000个固定座席，草坪大约

室外露天剧场和舞台形成极具视觉冲击力的公共空间。

可容纳 7000 人。舞台的设计是典型的盖瑞雕塑化风格，舞台的上端以雕塑化的语言构建了富有张力的棚顶，大型室外露天剧场则由纤细交错的钢架构在大草坪上搭起网状天穹，与音响系统浑然一体，营造了极具视觉冲击力的公共空间。音乐厅名字是为了纪念芝加哥商界领袖杰伊·普利策（Jay Pritzker）而取的，1979 年，他与夫人 Cindy 一起创建了普利策建筑奖（Pritzker Architecture Prize）。杰伊·普利策音乐厅是格兰特音乐节的主会场，同时也举行其他免费的音乐会和活动。

BP 桥

跨公路连接千禧公园和戴利两百周年纪念广场的蛇形的 BP 桥（BP Bridge）也出自弗兰克·盖瑞之手。BP 桥从 1999 年 6 月开始设计，至 2004 年 6 月完工，其长度达 925 英尺，它连接着千禧公园和戴利两百周年纪念广场，是盖瑞设计的第一座桥。在桥上面可以看到芝加哥天际线、格兰特公园和密歇根湖的绝佳风景。桥面为硬木，桥的整体表面外覆不锈钢板，BP 桥还有一个功能是阻隔下方道路传来的噪音，保障音乐厅的演出效果，桥体具有 5% 的斜面，方便残障人士通过。

BP 桥与露天剧场采用相同的材料和极具想象力的造型营造了超大型艺术空间，成为芝加哥新的城市名片。

皇冠喷泉

皇冠喷泉（The Crown Fountain）由西班牙艺术家普莱策（Jaume Plensa）设计，作品由喷泉与影像幕墙结合的构筑体组成。喷泉主体高 50 英尺，水池长 232 英尺，两个大型影像屏幕每小时变换 6 张芝加哥市民脸部表情特写。为了采集这些影像资料，普莱策找来 1000 个芝加哥市民当模特，用录影机拍摄下他们的表情，并将这些动态的脸部表情投射到玻璃砖叠砌而成的造型体上。随着画面的变化时而有流水涓涓流淌，时而呈现一张张普通市民动态变化的脸庞，时而从影像画面人像的嘴中吐出水柱喷泉，造成从嘴中吐水的视觉幻想。两座构筑体南北各有 1 座，彼此遥遥对望，成为与互动媒体相结合、亲民互动的公共艺术优秀案例。

采集市民图像的过程也是作品的一部分，普通民众成为城市的代言人。

Lurie 花园

芝加哥市的座右铭是"花园城市"，Lurie 花园就是要向"花园城市"表示致敬。花园分为暗区和亮区：暗区反映公园所在地和城市的早期景观，该地曾是未开发的海岸线和河流三角洲；亮区反映芝加哥的现代艺术景观和光明的未来。

Lurie 花园在城市中营造了自然生态植物园

云门

《云门》（*Cloud Gate*）位于 AT & T 广场（广场由 AT & T 捐资修建），是出生于印度孟买的英国艺术家安尼什·卡普尔（Anish Kapoor）在美国创作的第一件室外公共艺术作品。作品重 110 吨，高 33 英尺，宽 42 英尺，长 66 英尺，采用镜面不锈钢，映射出城市的建筑、天空和观众。作品下方有 12 英尺高的"门"，游客可以穿越、触摸，并从多个角度观看自己的影像。雕塑《云门》的灵感源自液态的水银，因其外形酷似一颗大大的豆子而被芝加哥市民称作"豆子"。

《云门》落成后，不仅受到了游客的热烈追捧，也得到了其他艺术家的关注，并以其为基础创作设计出新的作品。2012 年初，多媒体艺术家鲁夫特·沃克（Luft Werk）的创意团队就通过投影的方式为《云门》换上了新装，再配上铿锵有力的音乐，上演了一场色彩绚丽的灯光秀，取名为《闪耀之地》（Luminous Field）。由于《云门》的表皮呈现出水银般的抛光效果，在灯光和音乐的激发下，雕塑内部似乎发出带着声响的粒子闪电，营造了一个具有魔幻色彩的新时空。在这个时空中，"人"被放大成为作品的主角，并具有一种"危险"的美丽，也正是这种"危险"的美丽，点亮了芝加哥城市的冬天。

安尼什·卡普尔的《云门》

看似极简的艺术，卡普尔的《云门》却在"简"的极限中通向互动的无限。

简洁的形体通过反射呈现出丰富的形象，将城市的万象浓缩在变形的形体上。

鲁夫特·沃克以卡普尔的《云门》为基础创作的多媒体灯光秀《闪耀之地》，人、城市、灯光、雕塑、音乐水乳交融，成为一次城市文化生活的狂欢。

千禧公园纪念围廊

千禧公园纪念围廊几乎是一种全尺寸的复制品，样本是 1917—1953 年存在于该地的多利安围廊，柱高约 40 英尺，基座石上刻有千禧公园创建者和捐助者的名字，将历史与现实融为一体。

为耗资巨大的千禧公园的建设者和捐助者建立的纪念廊

6.7.1 社区的节日

西雅图派克市场（Pike Place）的公共艺术作品是雕塑家杰博根据社区展览活动中一头重达 750 磅的冠军猪复制而成，名为 "Rachel"（瑞秋）。瑞秋雕塑上的投币孔使其成为一个有效的筹款渠道。派克市场基金会每年通过瑞秋可筹到近万美元，为市场所在社区的近万名低收入和老年居民提供帮助，具体的服务包括市场居民的医疗保健、市区的食品银行、市场老年中心和市场的幼儿园等。

瑞秋猪成为市场中最受欢迎的成员，为市场注入了活力。

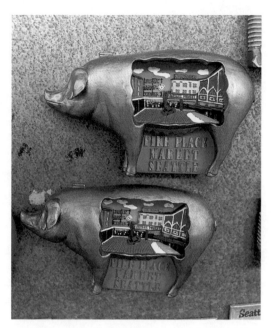

人们跟随嵌在地上的脚印寻找瑞秋猪的踪迹，每个蹄印上都刻着文字。

以瑞秋猪为素材开发的各种旅游纪念品广受旅游者喜爱

社区居民每年为瑞秋猪举办生日庆典，这成为该社区饶有特色的新的文化节日。2007年3月21日，作为美国最早的为农民经营提供服务的市场，Pike Place 市场开始庆祝它的百年诞辰，同时，基金会也庆祝自己向市场提供服务25周年。这一庆祝活动持续了半年，直至9月。2007年6月，作为其中重要的一项节目，胖猪大游行开幕。关注底层人民、扶助弱势群体的故事和精神在整个西雅图市传播。

6.7.2 生长的艺术

西雅图飞梦社区的《一群等车的人》成为社区居民们永久的邻居，该地区为工人聚居区，因靠近铁路而发展起来。随着公路交通日益取代铁路交通，该地区逐渐衰落。

1975年，艺术家理查德·拜耳（Richard Beyer）受飞梦社区改进委员会（现为飞梦社区艺术协会）邀请，为纪念飞梦社区的100岁生日，创作公共艺术作品。艺术家提交了三个方案：《愚人船》、《美洲狮》、《一群等车的人》。后者因反映了该地区的独特历史和特征而入选。

理查德·拜耳是一位多产的雕塑家。他的作品被大家所熟知并广泛展示。拜耳希望其作品成为公共艺术品并可供人们拍摄、欣赏等。

1979年，雕塑家理查德·拜耳为纪念连接西雅图市中心与周边地区的轻轨线路，创建了西雅图最大众化的互动艺术雕塑——《一群等车的人》：在进入社区位置，伫立着一座无顶棚的候车亭，银灰的钢骨下，五个着冬装的男女、一个襁褓中的小孩和一只探头探脑的狗，静默地面向大街。作品为真人大小，包括一位商人、一位吃东西的妇女、一个读书的学生、一位抱小孩的妇女、一位提桶的工人和一只戴人脸面具的狗，主题幽默并能唤起当地人的记忆，五个殷殷等待火车的男女与襁褓中的小孩雕像，正是寻常人的化身。人们期待好景再来，希望通过他们的耐心等待和努力，使留存在记忆中的社区价值能够再现光辉。这座由铸造铝合金制成的雕像作品一经落成，立即引起周边地区人的想象、再创造甚至恶作剧。

在雕塑完成后不久的某一天开始，就有人偷偷地为他们换装，随后衍生为社区居民的

《一群等车的人》完成于1979年，铸铝材料。笔者拍摄此照片时雕塑坐落的原址正在改造，故该图片并非原址环境。

融入社区居民日常生活之中的公共艺术，居民的创造力成为作品的组成部分，使社区不断迸发新的文化活力。

群体行为。社区居民常常随季节变化给他们换穿衣服，或者带上装饰庆祝生日、节日或其他特殊事件，展现随节庆而改变的通俗艺术嘉年华。

从作品派生出的庆祝婚礼、生日、送行、祝贺、各种献爱、纪念仪式、美好的时光、友谊乃至各种流行事件激发了社区的活力，这种持续不断的互动潮流成为飞梦社区最显著的风景线和富于情趣、创造力的源泉。

从此以后，飞梦社区热闹起来，加上后来社区中的许多个人的零星尝试事件，引发了当地定期举办的街道艺术市集及嘉年华活动，为社区带来新的收益及商机，由此带来的社区经营收入为社区环境改造及小区服务等工作提供了资金。

西雅图《公共艺术计划手册》非常强调公共艺术的社区"自助"，其中著名的例子是飞梦社区的夏至游行，每年于夏至前一个月由艺术家带领社区居民，发挥天马行空的创意，在创作与资源分享的过程中深化了社区的人际关系，继承了社区嘉年华的新传统。这个以节庆为取向的公共艺术计划生长出社区情感、地方认同、节日氛围，以及临时性的艺术放纵，其虽然没有固定的设置，但对艺术的启发及对自发性公共参与的诱引，绝不亚于空间中昂贵的艺术大师作品。

6.7.3 城市的生活舞台

1996 年建成的舒乌伯格广场（Schouwburgplein, Rotterdam）位于充满生机的港口城市鹿特丹的中心，设计者高伊策（Adriaan Geuze）创造了一种"城市生活舞台"的形象，表达了在平缓、空旷空间中虚空的概念，它似乎没有具体的使用功能，却又似乎功能无限。

广场如同一个城市的生活舞台，具有强烈的凝聚力，它把附近公司、商店的职员和顾客、小区居民、儿童以及路过此地的形形色色的人物都汇聚于此。每天不同的人群穿梭其中，上演着不同的故事。经常有不同的艺术形式在此展演，这样，广场的设计便有了事件孵化器的功能，而这正体现了当代公共艺术的"生长"特点。

广场的设计应用了新的设计材料，用不同的图案镶嵌在不同区域广场的表面。广场下面是两层车库，地面材料采用了一些如环氧树脂、橡胶、木材和金属等超轻型的面层材料来减轻车库顶的负载力。广场的中心是一个由拼装的木地板和打孔的金属板构成的活动区，在夜晚，架空的金属板从下向上照射的白色、绿色、蓝色、紫色的荧光灯，像是为广场披上了一层神秘、迷人的纱衣。在花岗岩的铺装区域上装有 120 个喷头，每当温度超过 22 摄氏度的时候就会喷出不同形状的水柱。

最引人注目是广场上安有 4 个 35 米高的红色水压灯，像巨大的活动雕塑，它可以每隔两小时改变一次形状，市民也可以通过投币来操纵灯的悬臂。

伸出地面 15 米高的钢结构框架的三个通风塔是与地下停车场连接的，塔上各有一个显示数字的时钟。舒乌伯格广场是互动式的，利用投影机投出的大型画面，将舒乌伯格广场变为一个巨大的互动艺术装置作品。投影机拍摄下的行人们的影子投射到建筑物上，与

舒乌伯格广场是各种活动的载体。

真人的影子融在一起，比例和尺寸的改变令人产生一种奇妙的感觉，巨大的人影开始获得和城市对话的权利。伴随着白天和黑夜的交替、四季的更换、温度的变化，还有人们的想象力，这个广场成为艺术的载体，每一个季节都在生长变化中。

犹如活动雕塑的广场水压灯，使夜景广场产生舞台般的变幻效果。

来自墨西哥的互动媒体艺术家赫摩尔（Hemmer）的作品《身体影像》（*Body Movies*）

广场周边的建筑上附有风动雕塑，与 4 个红色水压灯以及变幻的喷泉一起，不断改变着广场的视觉效果。

6.7.4 艺术家的"策动"

艺术家马克莫垂（Chico MacMurtrie）创造的机械活动作品《策动》，位于旧金山的耶巴布那花园（Yerba Buena Garden），机器人为半男半女的特征，由铸铜和不锈钢构成，重100 多磅的机器人在其前面的球体上时而站立，时而坐下。

当你来到公园的这个角落，碰巧发现这个拥有两种性别特征的机器人时，也许不会过多留意它的存在。然而，当你在它前面不远处的坐椅上坐下来时，你会惊异地发现，机器人在你坐下的同时也随之坐了下来；而当你站起时，它也起身站立。这是一个太令人意想不到的互动游戏。每当遇到这种情况，总有人愿意反复站立和坐下，并观察机器人的反应。就在这种观察之间，引发人们的思考 ……

机器人被安放在一个地球仪上，更加强化了这种思考。人与机器人之间的动作镜像和相互注视暗示了地球上各人种之间的联合。

观者成为艺术家"策动"的参与者，体验着人与机械的对话，在艺术家诗意的描绘中，观者会产生对机械社会的反思。

与观者互动的机械人，可随参与者的起坐而站起坐下。（右图）

当你站起时，它也起身站立。

6.7.5 开放图书馆

1993 年，居住在美国的艺术家米歇尔·克雷格（Michael Clegg）和马丁·古特曼（Martin Guttmann）在汉堡市用三个月的时间实施户外装置艺术计划"开放图书馆"。艺术家在汉堡近郊选了三个非常不同的居民区，用几百个水泥箱从内装上书架，在侧面装上透明玻璃门，制作了一批露天书柜。

艺术家写信给当地居民，请他们将书拿出来，把空书架填满。水泥箱上写有多种语言文字："请只借少许书，并只借少许时间，欢迎捐书。"

这个公共图书馆的运作以社区居民为参与者，每个书柜拥有 400 到 450 本书。艺术家"开放图书馆"的策划是想让这个图书馆成为社区居民自我组织和自我定义的机构，取名为"非法藏书"，随时开放，吸引了大量的居民参与其中。这个艺术计划非常成功，汉堡市第一次有公民提议希望保留这些公共艺术作品，而不是要求拆除。

汉堡市的参与式公共艺术作品，采取一种低调介入但令人回味无穷的方式，即便民众对所谓"当代艺术"一点都不了解，仍然可以参与这些艺术家们的创作过程。同时，这也

艺术家倡议的公共图书馆

是艺术家们对"公共艺术"的自我诠释,"艺术"不仅仅是美化城市的"装饰",而且是介入民众生活、启发人们思考的媒介,"开放图书馆"成为居民和访客互相沟通的市区设施。

大约到了 1978 年,当"邻里艺术计划"借由"邻里配合基金"鼓励以社区为基层单位的艺术创作时,西雅图的公共艺术就真正推广到大众社区文化的层面。"邻里配合基金"强调社区以自助、自主或自力营造的原则提出与艺术相关的计划内容,这种直接以艺术手段作为社区营造的模式,松动了艺术创作的精英取向,扩展了普通市民参与的通道,进而演绎为西雅图最为人称道的民众广泛参与的"公共艺术计划"。

西雅图"公共艺术计划"的基本理念是:"公共艺术是一个邻里所能理解、

第八节　公共艺术计划

最强烈的社区营造形式。"据此观点，艺术不再只是"无用之用"物件，而是具有"儿童游戏、环境管理、教育伙伴、颂扬多元文化、反暴力策略、设计解答、经济发展、邻里组织动员乃至社区营造的各种可能"。

在西雅图公共艺术脉络中，上述各种指向几乎都可以找到相应的真实案例。虽然市民参与是公共艺术的重要精神，但参与绝非一种口号或局部样板。西雅图公共艺术计划就是公共性与艺术形式的辩证统一，同时提醒我们参与艺术的过程具有无穷的可能性。

6.8.1　化剑为犁——《面鳍工程》

人类从诞生至今，似乎从未真正远离战争，也许正因为如此，和平的诉求才如此强烈。

艺术家约翰·杨（John Young）的《面鳍工程》，使用从美国海军退役的核潜艇的潜水面鳍为创作材料，建造于20世纪60年代。将刀剑打成锄犁、化干戈为玉帛的理念涉及对和平的企盼，将武器转化为艺术品，回收再利用，以及向被迫卷入残酷冷战的男、女士兵

冰冷的潜艇面鳍组成旋律优美的华彩乐章。

王中与艺术家约翰·杨在其作品前

致敬等。而它的视觉效果也可能使观众联想到逆戟鲸的背鳍或者一群三文鱼。每座鳍上面都有一块牌匾，上面镌刻着潜水艇的编号和协助安装的来自社区的民众以及捐赠者的名字。

约翰·杨为了实施这一构思，制定了详细的公共艺术计划，并取得了邻里配合基金与艺术捐助的支持。作品位于西雅图的马格努森公园（Magnuson Park），这个有着被解构的核潜艇的公园，由于艺术的融入，似乎在一夜之间变成了人间乐园，乐园中面鳍犁过大地，似乎可以听到赞歌滑过面鳍，充盈四方……

6.8.2 世纪沉没

也许是"全球化"的阶段性发展，也许是不同种族人群的空间接触和信息交流达到了某个临界点，当代公共艺术越来越多地从空间美化、场域精神的塑造，转向更为广泛的交流与互动。这种互动一方面调动一切艺术手段，另一方面又把根本的关切点直指人们当下的生活状态和人类共同面临的问题。

艺术家约翰·洛菲（John Roloff）创作的《绿玻璃船》高 18 英尺，位于旧金山市耶巴布那花园（Yerba Buena Garden），该花园是结合旧金山现代艺术博物馆、表演艺术中心、艺术展廊和论坛中心等公共工程设置的。作品采用了一个永久的艺术计划形式暗喻加利福尼亚的自然史和地质史，警示人们关注生态环境。1993 年，洛菲把他在距离旧金山海岸 4 英里的海底搜集来的城市排弃沉积物和海底矿物混合放在了一个倾覆的绿玻璃船里。沉积物包括各种矿物、有机物以及城市废弃物。这些废弃物在普通城市环境中，很容易通过河流进入海洋。而在这个艺术作品中，随着时间的延续，绿玻璃船里的温室环境和这些沉积物之间不断发生微妙的相互作用，生长、腐烂、再生的自然循环在玻璃船中默默继续着。

人类的废弃物侵蚀着大地海洋，地球的生态环境就像被大海吞噬的船体，倾覆的船成为被破坏的大自然的象征。

《绿玻璃船》，永久的生态警示艺术计划。

6.8.3《角落中的秘密》

纽约中央公园（Central Park）的多丽丝自由人广场（Doris C. Freedman Plaza）是一个长久实施公共艺术计划的空间场所，每年都会换置新的艺术作品，2006年5月2日至11月1日艺术家萨拉·什（Sarah Sze）的作品《角落中的秘密》（Corner Plot）即安放在此。

《角落中的秘密》再现了一个建筑的局部，安放在阳光明媚的广场地面，就像是埋在地下的建筑露出的一角，事实上，人们可以轻易地发现这块被"切割"的建筑原型来源于广场旁边的公寓一角。

作品的原型即是广场旁边公寓楼顶一角。

透过作品上的玻璃窗可看到市内的私密空间，公共与私密仅仅一窗之隔。

这只是艺术家萨拉·什装置雕塑的一种表现方式，之前类似的作品展示方式包括挂在墙上，安放在展厅的角落，或利用地下洞穴，甚至利用窗户使作品向窗外延伸。在萨拉·什的解构与重组中，可以发现一种清晰的制衡关系，包括文明秩序与混乱状态等。另外也可以感到一种时空的压缩与错位，就像是在千百年之后的考古遗迹现场发掘现今的生活状态。

透过萨拉·什这件作品上的窗户，可以看到一个延伸至地面以下的室内空间，仿佛一个被遗弃的空洞，但里面散落的各种物品却又暗示着空间的性质：天花板、电灯开关、电源插座、小树、袜子、闹钟、水壶、维生素、台灯、盐、尺子、扳手、兰花……人们在窥视的过程中，似乎同这些物品一起陷入了一种时空的漩涡，并在漩涡中屈服于大自然的过程和威力。这是艺术家对理性主义极度膨胀的反思？或者是在这种空间的置换中强调一种公共与私密的对比？

2005年放置在中央公园多丽丝自由人广场的艺术作品。

6.9.1 306米的雕塑隔离带

利奥·德·加乃伊劳大街（L. Avinguda de Rio de Janeiro），是巴塞罗那东北部通向市中心的麦里第阿那高速公路的支路，位于巴塞罗那郊区。利用两条单行道之间4米的落差，前卫的西班牙雕塑家阿格斯泰·劳开（Agusti Roque）与建筑师帕洛玛·巴达齐（Paloma Bardaji）、卡莱斯·泰希德（Carles Teixidor）在那里设计了世界上独一无二的用巨型环境雕塑营造的道路隔离带，总长度达306米。这组作品显示了以雕塑造型的手段介入大尺度空间，并用视觉造型本体加以控制进而改变城市形象的可能性。

雕塑以简约、庄重的几何体为设计基本要素，特别注意使每个单体细节与整体节奏融于使用功能之中。这件大型的雕塑作品是雕塑家和建筑师精诚合作的成果。从1985—1989年的四年间，雕塑家与建筑师保持着密切的工作关系，将作品和周围环境融为一体，耗费了巨大的心血。无论是高度差别很大的头尾、倾斜的平面，还是残疾人坡道、台阶、栏杆以及各种形态的几何体，每个造型都经过仔细的研究和思考，砖和红色，混凝土和黑色，石头和赭色，铁和深棕色，甚至草坪和绿色都在整体形态中扮演了重要的角色。这一作品的建成充分显示了造型艺术作为整体营造城市设施的可能性。

利奥·德·加乃伊劳大街模型

尾部是一个很普通的雕塑结构体，残疾人坡道也是作为造型语言加以利用的。

注意人在雕塑环境中的需求和作用，方便而实用的人行道连接着公路的两边。

红砖、混凝土、石材、草坪以及护栏等构成了简约实用的艺术设施。

这是个长达 306 米的雕塑，这句话听上去有些夸张，但却是事实。而且，每个部分的尺寸都没有夸大。相反，雕塑和它周围的环境非常协调，其完美程度让人惊奇。艺术家显示了其创造性的介入能够在多大的程度上改变城市形态。这是一次雕塑家和建筑师团队精诚合作、硕果累累的经历，也是一次鼓舞人心的经历，它表明了超级艺术化设施介入城市的可能性。

雕塑家劳开与建筑师巴达齐和泰希德共同获得了 FAD 城市设计奖，这既是对他们优秀设计的肯定，也是对艺术回归城市整体的呼吁。

6.9.2 穿越艺术与公共的迷雾

我们经常会听到有关艺术家个性化的作品与公共空间产生冲突的事情发生，这种冲突在现代公共艺术产生的那一刻，便缠绕着艺术家和相关管理机构。而斯科特·博顿（Scott Burto）极简风格的城市家具，却超越了这种冲突。尽管博顿的雕塑是抽象的几何体，却并没有因此而被掏空意义，似乎通过社会学的转向而更加耐人寻味。

博顿的两组作品的外表没有任何人工雕饰，似乎是纯粹实用主义的设计，位于公平人寿保险公司大楼里的惠特尼美国艺术博物馆对面。其中一部分是整齐摆放的圆桌椅，而在道路的另一侧则不规则地摆放着方形靠背椅。两者的材料都是花岗岩，初看之下人们并不认为这是公共艺术品。可是仔细回味，似乎总有别样的感觉从作品中流露出来。其实，博顿也在提问：什么才是艺术作品？什么才是优秀的艺术？尤其是对于公共空间而言，又如何回答这一问题。有人说博顿的作品是在探究人和社会每个个体存在与周围事物间的相互

斯科特·博顿策略地将作品的隐喻融入实用的城市家具之中。

关系。也许他作品的几何抽象造型，以及具有隐喻性的桌、椅和凳子本身便是一种回答。

6.9.3 施瓦茨的设施景观

纽约亚克博·亚维茨（Jacob Javits）广场原来竖立着艺术家塞拉（Richard Serra）的雕塑《倾斜之拱》，后因附近办公楼职员的联名反对，上诉至法庭而最终撤走。由此引发了公共艺术到底是艺术家的艺术还是为公众的艺术的争论，该事件催生了《公共艺术复审细则》条例的出台，细则规定公共空间建成的公共艺术必须安放 20 年以上方可撤除。

亚克博·亚维茨广场鸟瞰

坐椅的卷曲形成不同的围合空间，
满足不同人群的休息需求。

　　新的亚克博·亚维茨广场的公共艺术由出生于费城的女艺术家玛莎·施瓦茨（Martha Schwartz）设计。施瓦茨的魅力在于设计的多元性，她尝试将大地艺术运用到复杂的城市环境之中。施瓦茨意识到该广场的设计必须贴近人们的日常生活，她选择长椅、街灯、地铺、栏杆等设计要素，融入运动和色彩，用卷曲的绿色长椅围绕广场上 6 个球状草丘构成广场动感空间。坐椅的蛇形卷曲形状带来了多变的休息环境，草丘的顶部有雾状喷泉，为休闲的人群带来诗意的体验。施瓦茨营造的艺术使用空间为行人和附近办公楼工作的职员提供了大量休息场所，深得公众的喜爱。

第
十
节

流
动
的
记
忆

6.10.1 洛杉矶的地铁公共艺术

　　洛杉矶地铁的公共艺术得益于公共艺术百分比资金的支持，以洛杉矶地铁红线为例，沿途各站所在地区的历史文化在公共艺术作品中都得到了充分的重视和体现。

　　每天进出地铁的人群浸泡在这些作品中，感受洛杉矶辉煌的历史和多彩的文化，自然会对这个城市产生认同感。非主流族裔的文化在公共艺术中也得到了充分的体现，洛杉矶地铁红线的公共艺术作品均有所涉及，有些作品或是以不同的文化背景为主题，或是以不同区域的特征提醒乘客的到达地点。

艺术家罗伯特·米勒（Robert Millar）和 Elerbe-Becket 建筑师事务所在 1999 年合作设计的威蒙特的圣塔莫尼卡车站（Vermont/Santa Monica Station）的出站口和广场，广场的灯、坐椅、地铺和出站口棚顶构成了特点鲜明的站台空间。

《我梦想我能飞》位于洛杉矶地铁红线的市政站，由艺术家乔纳森·博罗夫斯基 1991 年创作。作品以飞行为主题，好似精神漫游，六个漂浮的玻璃钢人体是艺术家自己的形象，作品不时伴有温和的鸟鸣音效。

艺术家在地铁入口的滚梯上部创作了一个多媒体互动装置。

艺术家斯蒂芬·安托尼克（Stephen Antonakos）在1993年为珀欣广场站创作的霓虹灯作品，暗含纪念1924年珀欣广场附近拐角处的美国第一个霓虹灯招牌。

艺术家希勒·克雷恩（Sheila Klein）2000年为好莱坞高地站设计的公共艺术作品，建筑师巧妙地把建筑的组合柱融入充满想象的灯光中。（左图）

在好莱坞的环球影城站，吊顶
和坐椅的设计成为该站的形象
代言者。

6.10.2 西雅图的市政巴士隧道

1984 年西雅图地铁协会批准将 150 万美元作为西雅图市中心交通艺术项目预算的一部分。这是西雅图市政府第一次将项目预算的一部分用于公共交通的公共艺术。

艺术家和建筑师、工程师一起参与设计，西雅图艺术委员会在项目的规划和设计中担任艺术品选择和作品制作的顾问。

1985 年，5 位艺术家与建筑师一道设计了一段新的 1.5 英里长的市政巴士隧道，其中包括 5 个站台。

90 年代中开始，多条西雅图公车路线上的候车亭成为一座座内容与风格殊异的艺术候车亭。

以印第安人的独木舟为原型创作的小型巴士候车站

采用浮雕的装饰手段创作的巴士候车站

用钢板的透空手法装饰而成的车站

西雅图机场行李提取台上的动态雕塑

西雅图机场用玻璃艺术营造采光空间。

6.11.1 柏林的"雕塑大道"

对于柏林而言,从"天"而降的艺术品远非戏剧化可以形容,在这些作品诞生的过程中,难产、流产已不再重要,重要的是它的艺术方案几乎演变成了一场政治风暴,指责、威胁、示威……这不得不令人困惑:"民主到底可以容忍多少艺术?"

长期以来,由于柏林的"建筑物艺术"政策存在暗箱操作,引起了包括艺术家在内的各界人士的极大不满,并最终于1975年爆发由柏林艺术家工会发起的改变"建筑物艺术"条例的事件。

在柏林艺术家工会与市政当局协商后,于1979年9月通过了新的公共艺术条例,新条例规定:包括景观、地下工程的任何公共建筑物,都需要拿出公共艺术经费,此外,政府每年也要拨出相应的基金为公共空间放置公共艺术作品。

总之,新条例对公共艺术项目实施作了更加明确,也更具强制性的规定。新的公共艺术顾问委员会成员包括建筑师、艺术家职业工会代表、艺术学者及博物馆专业人士。其工作职责也有明确规定,包括共同决定公共艺术的地点、目标、任务及实施方案等。

然而自1979年新的条例出台后,有关公共艺术的争议并没有停止,其中最为激烈的是围绕柏林"雕塑大道"而展开的论战。

1984年,为迎接1987年柏林750岁华诞和1988年在柏林举办的欧洲文化年活动,市政府投入450万马克在库坦大街举办"雕塑大道"创作等活动,其中仅"雕塑大道"的预算就高达180万马克。

"雕塑大道"原计划展出8件作品,只陈列一年。首先登场的作品由两位比较前卫,并具批判性格的艺术家完成,由于其作品与普通市民对艺术的概念反差过大,而立即遭到抗议。尤其是佛斯帖尔德的《两部如裸体玛丽亚的水泥凯迪拉克》最受争议,它把两部报废的凯迪拉克按横、竖不同方向封入水泥之中,矗立在进入柏林的马路环岛上,似乎是对物化欲望的隐喻,又有墓碑醒世之意。然而它却遭到了媒体的批判:"是艺术还是垃圾?"那些抗议的市民更加关心的是为什么这个用垃圾制作的东西,竟然成了价值17万马克的艺术品?整个柏林的媒体似乎成了艺术法庭,痛斥艺术家及其作品……世界的奇妙也许就在于总有意想不到的转折。抗议带来了辩论，辩论本身就是一种交流的过程，有交流也必有理解，事件本身无形中使市民接触了更多的艺术信息。而且，后来作品的形式也较符合市民的艺术观而受到欢迎。所以在一年展期即将结束时，展期被呼吁延长了一年，而在1988年需要拆除展览作品时，又应市民的要求，保留了包括曾经最受争议的雕塑在内的几件作品。

马丁·马钦斯基（Martin Matschinsky）和布里吉特·丹宁霍夫（Brigitte Denninghoff）1987年创作的作品《柏林》

6.11.2 公共艺术的涅槃

艺术家塞拉的《倾斜之拱》在1981年被美国公共服务署安置在纽约亚克博·亚维茨广场以后，一直遭到了公众的强烈反对。

它首先被视为是危险的，进而被认为其外形很可能激发暴徒投掷炸弹的欲望，甚至被人们比喻成为新柏林墙。而一位总服务处的安全专家，干脆说《倾斜之拱》可以诱发爆破的力量，使这股力量向上，或向建筑物两边宣泄。

上面的评价多少有夸张之嫌，但《倾斜之拱》在遭到公众的连续抗议并有1300余人联名诉诸法庭之后，经法院判决，最终在1989年从该广场撤除。

《倾斜之拱》的撤除，与其说由于它的生硬或对社会语境的脱离而造成了被公众抛弃的命运，不如说由于《倾斜之拱》的形状过于像一面大墙，而影响了周围人群通过广场的行为。

重要的是公共艺术与大众的冲突所带来的启示，也许在公共艺术设置之前就应该推出公共艺术教育、交流与对话。通过这种了解、沟通、教育与互动，艺术的维度远远突破了艺术作品本身，而促成了一系列的动态发展的事件，如此公共艺术的"公共性"才能得到真正的体现，从而促成人对艺术品的理解，以及公众间的沟通。

极简主义艺术家塞拉的雕塑《倾斜之拱》，被认为影响了穿越广场的人群，因而遭到公众的反对而最终被撤走。

放置在柏林的塞拉作品（右图）

第七章　中国公共艺术的死与生

用死与生来形容中国公共艺术的现状与未来，多少有耸人听闻之嫌。然而，当我们睁开眼睛、侧耳聆听，看到、听到的却多是负面文字：历史的遗憾、建设大跃进、规划性破坏、文脉断裂、审美缺失、雕塑公害、城市装修情节……还有人口、土地、生态压力以及经济发展……即使这些文字带有偏激、片面的倾向，但实际情况也应该足以引起理论界和管理部门的重视与反思。更何况在专业的文献中，专家对公共艺术的分析并不容乐观。如制度的非参与性以及殷双喜所论述的"精英专制"和"视觉专制"成为公共艺术的一道灰色风景线。易英的论述更加悲观，他认为："公共艺术在中国几乎已成为一种腐败，在由计划经济向市场经济艰难转型的过程中，权力垄断下的市场经济将公众财产变成权力寻租的对象，在经济模式的表象下是权力对公众权利的剥夺，公众不仅对于艺术没有意见交流的空间，对于购买艺术品（公共雕塑）的资金（纳税人的钱）也没有权利过问。长期以来的'国有资产'的概念导致对'公共财产'的误读，国家或政府有权支配公众的财产，公众则无权过问。

历史遗产与现代建筑由于缺少视觉规划而形成视觉冲突的场景随处可见。

城市正在经历剧烈的变化，王中 1995 年创作的作品《拆迁计划》系列，反映了北京大规模的城市拆迁改造。

有资料显示，目前中国的城市雕塑有百分之七十的作品是‘伪劣产品’，这应该还是一个保守的数字，参与寻租的不仅有权力，而且还有艺术家本身，在政治势力与金钱的合谋之下，难有艺术的一席之地。”[34]

孙振华则从政治学的角度剖析了公共艺术意识形态，他认为，“在中国的历史上，从来没有过公共领域或公共空间里的艺术和政治”。所以，他特别强调把“公共空间的政治诉求”作为“公共艺术的基础之一”，因为“公共艺术在中国的可能性，在于它必须面对公共性、公民权利、权力规则、社区政治等当代社会的政治学问题”。他进一步指出：“公共艺术这个概念所针对的并不是公共空间的审美问题，它最重要的指向是针对公共空间的政治。如果看不到公共艺术这个概念的出现，对转型期的中国社会在公共空间的民主化进程方面所可能起到的推动作用，仍然还在美化环境、装饰空间、塑造形象的思维习惯中打转，那么，这种‘城头变幻大王旗’式的概念游戏对中国公共空间状态的改善将没有实质性的意义。”[35]

当然被误读的公共艺术既与公共艺术体制有关，又同公共艺术教学研究的现状有关。

批量生产的所谓城市雕塑侵蚀着城市文化，却仍然拥有市场。

诚迎各界领导、新老朋友垂询惠顾！

F-064 升华　　S-024 飞向明天　　S-055 春光

　　由于公共艺术的研究和社会认知度在中国内地还处于起始阶段，加上公共艺术本身是一个极为宽泛和动态的概念，有着相当深厚的文化背景和当代意义，作为一门新兴学科的概念难以界定，所以公共艺术在各大高等艺术院校的教学实践中各有诉求重点。从总体上来看，把公共艺术设置为专业的院校虽然为数不少，但是很多院校的系和专业只是名为"公共艺术"，基本上是在传统学科的基础上稍加公共艺术之名的点缀，甚至有些仍是传统学科的翻版，既失去了传统学科的特色，也没有抓住公共艺术的文化主旨。公共艺术在中国内地的整体教学模式还处在比较初级的摸索阶段。

　　目前，国内高校的公共艺术教学实践主要有两种取向：一种取向是结合城市设计、景观和建筑等空间载体进行研究，但这种模式在绝大多数情况下并没有真正引入公共艺术应承载文化精神的开放性理念，仍然是停留在传统学科基础上的衍生。另一种取向主要结合雕塑、壁画进行研究，但在更多的情况下只停留在公共场所艺术品的概念上。也有少数院校能够打破这两种空间载体的局限，使公共艺术本身变成一种空间载体，成为一种具有公共性的艺术语言与空间表达方式，对其加以研究，甚至在这种研究中融入了虚拟空间、社会空间的理念，试图全面深入地把公共艺术的精神纳入到一种开放的教学体验中，希望进入到一种更加综合的空间研究之中。这种空间研究在

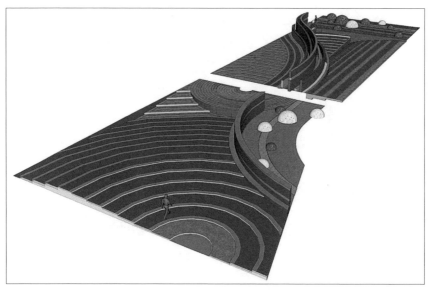

校园空间改造设计，中央美术学院城市设计学院"空间设计"课程学生作业，刘文静创作，2007年。

理念上不仅超越了空间载体的局限，也超越了纯粹理性或美学的意涵，注入了更多的社会学和文化因素，因而成为在信息社会中把文化转化为产业的助推器，成为大的城市系统的新的增长点。然而，这一工程的复杂性以及时间的紧迫性，决定了这种模式还需要一种深入、系统的表述。

近几年公共艺术在教研领域正逐步生根发芽形成规模，甚至针对非艺术类（包括师范类）大学生的公共艺术教育改革的呼声也颇高，一些学者认为这种素质教育对于艺术设计类乃至其他学科的大学生同等重要。也许正因为如此，一些艺术和设计类院校便开设了"公共艺术研究中心"，这种中心常常是整合了学校不同的学术资源，为在校的学生提供相关的课程和社会实践的机会。然而这种跨工作室的试验在某种程度上有着蜻蜓点水和互不关联的倾向，还没有真正做到丰富、深入与连贯性的有机统一。

非艺术类大学生的公共艺术教育仍有流于形式的可能，因为就业的压力、观念的落后、教材的陈旧等因素使本来可以使人享受的艺术文化福利变成了课程的负担。

公共艺术常常在社会领域扮演中介角色，它常常以体验、参与、互动等方式使社会公众分享艺术，并通过这种分享获得新的社会文化取向。如果身处学院、条件优越的大学生不能体验艺术的社会文化魅力，或者身为艺术院校的学生仅仅局限于自己的专业，则往往会丧失一种艺术创造的原动力。

所以无论是针对专业学生还是普及的公共艺术教育，文化意义上的公共艺术都具有不可替代的作用，尤其是面对当代社会既复杂、综合又有着极为细化、深入的专业分工的双重特点，只有真正把握公共艺术的公共性精神，才能够有效应对社会文化的发展趋势。公共艺术的这种超越精神应成为教学与研究的难点与重点。

　　公共艺术的教学可能有两种发展方向：一是彻底打破空间载体局限，教学重点着眼于全面把握公共艺术的理念、模式与文化精神及其操作实践。二是具有公共性的艺术语言与空间表达方式，即针对某一种空间载体，如城市设计、景观、城市家具等等，引入公共艺术的理念，并在学科融合过程中结合城市的实际，赋予传统学科新的增长点。

民族大道项目——"融"日景效果图　　07年6月

中央美术学院城市设计学院"公共艺术实务"课程的学生设计作品《融》（陈增华、刘文静、晋向楠等），项目地点为北京民族大道，以现场的土质和各民族地域的土质互换活动为依托演绎的设计方案。

7.3.1 中国公共艺术发展的历史解读

如果说公共艺术存在的基础"公共性"是伴随着市民社会成长的民主需求而存在的，那么我们也可以说自从孙中山提出民权、民主、民生的三民主义思想，到"五四运动"倡导民主与科学，蔡元培先生提出"以美育代宗教"，中国就已具有公共艺术存在的温床。然而遗憾的是，民主的精神在当时的中国并未真正得到发展。

20世纪上半叶，在南京、北京（北平）、武汉、广州等大城市出现的一批公共建筑和公共陵墓已经具备了公共性的萌芽。1949年新中国成立，建立了民主制度，但是"文革"期间遭到破坏。所以，也就很难谈什么"公共性"或公共艺术。

1978年8月中国美协筹备小组召开了专门的雕塑会议，探讨了雕塑如何配合城市建设问题，揭开了艺术装点城市的序幕。1979年建国30周年前夕，

袁运生1979年为首都机场所作的壁画《生命的赞歌——欢乐的泼水节》局部，由于在公共场所出现少数民族的裸体画面，引起广泛的争论。

具有国家窗口作用的首都国际机场候机楼壁画落成，成为现代中国公共艺术的剪影。尽管评论家认为它没有走出"纯绘画"的概念，甚至还带有一种大型展览的痕迹，但它的意义在于把这一大型作品安放在公共空间之后所引起的连带效应。袁运生先生的作品引起了社会的激烈辩论，这场辩论涉及到了艺术与公共的相互关系。最终，这场风波的影响超出了艺术领域，引起了人们对于壁画、城市雕塑和建筑环境关系的重视。

除壁画之外，雕塑和建筑界人士在改革开放初期通过一系列的国外参观考察，回国后掀起了一股城市雕塑热潮。这些出国访问包括：王克庆、程允贤领导的考察团于1979年12月对朝鲜的出访；1980年9月刘开渠带队的考察团，对法国、意大利等地的考察；全国城市雕塑规划领导小组1982年派考察组对前苏联进行了访问，考察组回国后又在全国巡回演讲，进行宣传推广。再加上《美术》杂志此前的雕塑专刊宣传，使雕塑与城市的关系问题被推上了舆论的中心，包括雕塑与建筑、雕塑与人与环境的关系，以及题材、形式、资金等问题均成了讨论的话题。

正是在这样的热烈讨论的氛围中，刘开渠的一篇雄心勃勃的文章在《光明日报》发表，这就是那篇《谈谈北京规划问题》的文章。该文章讨论了雕塑和城市美化与园林规划相关的问题，试图超越把雕塑作为一件单独作品的观念。文章提出北京建设应当遵循美的规律，尤其强调雕塑和建筑、道路、广场、公园等的关系。

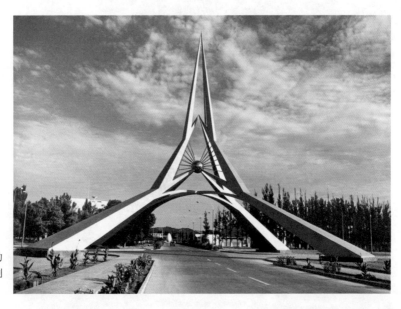

酒泉卫星发射中心的《航天纪念塔》，王中创作于2003年。

苏联斯大林格勒纪念二战胜利的雕塑纪念场主雕《祖国母亲》，苏联的纪念雕塑对中国的纪念雕塑产生了巨大的影响。图片提供：景育民。（左图）

张世椿的作品《翔》（杭州，1988 年），进行了雕塑、壁画与环境景观相融的整体性探索。

中国美协在 1982 年 2 月提交的《关于在全国重点城市进行雕塑建设的建议》的报告，不久得到了中央的批示，同时中央每年划拨 50 万元专项资金来支持雕塑在城市中的推广。在组织上则成立了全国城市雕塑规划领导小组。通过政策、组织和资金的支持，在规划组之下成立了全国城市雕塑艺术委员会。全国城市雕塑规划组的一个宏大理想，就是在整个城市建设规划中融入雕塑的建设。而在规划组之下的雕塑艺术委员会则重点研究雕塑建设与城市的关系，以及相关的更加细化的学术问题。于是雕塑开始朝着城市的空间回归，"城市雕塑"成为城市公共空间的主体。

对于中国而言，这种回归是雕塑离开"架上"，走向"公共"的第一次萌芽，而且这种萌芽还带着浓厚的精英的主观色彩和"国家"意志，这就涉及一个不可回避的"市民社会"和"公共性"的问题。公共领域"是'市民社会'所特有的"[36]，而现代市民社会理论坚持的却是政治国家和市民社会的二分法。如果在雕塑中只突出政治、国家的意识，而忽略市民社会的诉求，那么雕塑的公共性也就很难体现，这是中国雕塑在走向城市之初所带有的先天机制性缺憾。

20 世纪 80 年代中期，随着中国工业化进程的加快，人们环境意识的逐渐提高，西方社会文化思潮的影响以及中国 85' 美术新潮观念的冲击等，中国公共艺术从 90 年代开始了向环境艺术的初步转型。在这个阶段，思想观念的反思与变革，艺术形式的多元化趋势，以及环境空间的关系等都渐渐地进入公共艺术的视野，艺术家们试图把雕塑、壁画、建筑、

1998 年郝重海、史抒青、仲马创作的《大连建城百年纪念》，将纪念本体融于市民的参与过程中，讲述亲民的城市故事。图片提供：仲马。

北京菖蒲河公园《情侣扇》是富有京韵的文化显影，朱尚熹 2002 年创作。图片提供：朱尚熹。

王中 2002 年创作的《九运呈祥》位于山西大运高速路运城段，是一座从草书"运"字演绎的景观雕塑。

1999 年中央美术学院雕塑系教师创作的位于北京卢沟桥的抗战纪念群雕，通过四个部分的主题展现了抗日战争的伟大史诗。

街道、园林等整合成一个更加相互关联的统一的空间环境。这就涉及到公共艺术中不同专业协调合作的重要问题。

进入到 90 年代中期，由于中国社会的重大转型，城市建设步伐加快，公共空间的商业化趋势明显增强，人们的市民意识不断提升，公共空间的社会属性也发生了变化。一方面大拆大建的城市建设破坏了原有城市空间的宁静协调，另一方面也促使人们去思考新时期城市形象与城市特色的打造。于是城市规划逐渐吸纳了城市设计的思想。从某种意义上说，也许正是这种大拆大建对于城市文脉与特色的破坏，才会有强烈的反弹力量去寻求城市的个性。同时，市民意识的加强，公共空间社会属性的变化，尤其是与这种变化相呼应的艺术大众化倾向，使公共空间的设计强化了世俗化和平民价值观的理念，趋于更加多元的发展方向，这种多元化的一个重要特征就是艺术与设计内涵的扩大化及其互相融合的趋势。首先，设计被赋予更多的环境意识，这种环境意识不仅体现在对自然的尊重上，也表现在人们在设计中逐渐加大了对文化环境的考量。同时艺术在经过观念上的沉寂、反思之后，逐渐出现了一股从宏大叙事转入大众化、从只可远观的架上作品走向空间体验的倾向。对于这种倾向，我们可以从极简、波普、大地艺术以及装置艺术对中国当代艺术的影响上可以更加清楚地看到。同时当代艺术对新媒介的探索以及对"公共性"的追求，使公共艺术初步得到发展。随着世纪末互联网传播力的增强，以及中国当代艺术的转型，新千年之后中国公共艺术逐渐进入到一种全面开花的阶段，包括交流、讲座、出版、研讨、教学、大展以及案例的实现等等，给人以发现新大陆似的欣喜。正是这种发现引发了更多对于公共艺术的反思，这必然有利于公共艺术的成长。

7.3.2 中国当代公共艺术的转型与发展

具有中国当代意义的公共艺术研究主要是从上世纪90年代中期开始，90年代以前开始的壁画热、城市雕塑热大多以配合城市美化的"填空"方式局部进入公共空间，对公共艺术的研究也就常常局限在"城市雕塑"和"城市壁画"的狭小范围。

城市化进程带来的冲击使人们的环境意识不断提高，90年代后期中国的城市化进程正在步入从规模到质量的转型期，而在90年代以后的公共艺术研究与实践，也逐渐进入了一个初步发展的阶段。然而，这一时期的公共艺术总体上仍常常局限在狭窄的概念上。正如孙振华所言："公共艺术在中国最常见的使用办法，就像过去人们对待前代的佛像那样，用'公共艺术'为'城市雕塑'、'景观艺术'、'环境艺术'重塑金身。很多人使用公共艺术这个概念不过是为了替上述概念换一个比较体面的说法而已。"[37]

就在公共艺术被有意无意地误读之间，随着中国台湾《文化艺术奖助条例》的出台以及大量台湾学者研究公共艺术的书籍在内地相继出版，内地的相关研究出现了探求公共艺术核心观念的潮流，而这股潮流又随着国际交流的增多，互联网等媒体的信息量加大，尤其是当代艺术对公共性的追求以及中国城市建设的需求等等，使中国公共艺术的研究在经过世纪末的热潮之后，以逐渐升温的态势跨入新的世纪。

长春国际雕塑公园经过数年的打造（1998—2006 年），已建设成国内规模最大的雕塑公园。

王中 2006 年创作的位于长春国际雕塑公园的作品《当代文物系列之一》

北京奥运会和上海世博会的成功申办给本已高温的公共艺术研究带来了更大的发展空间。在这一个连续的过程中，图书市场也出现了一些颇有分量的公共艺术理论书籍，包括一些翻译的图书。一些大型当代艺术展甚至直接把公共艺术定为展览主题。公共艺术研究热潮的影响甚至超出了纯艺术领域，而直达城市规划、城市设计、建筑和景观等领域。不同诉求重点的公共艺术研讨会和活动则进一步促进了公共艺术的研究与发展。

然而，发端于欧美的公共艺术在20世纪70年代后也经历了动态发展的转型期，影响到国内不同时期有着不同诉求重点的研究呈现出强烈的跳跃性。此外，由于我国的公共空间模式与文化管理模式相较于国外也有更多的特殊性和复杂性，加上新旧模式转换所表现的不适应性，使站在不同立场上的研究者，也发出了许多不同的声音。这种不同一方面是由于观念之间的取代与被取代的关系造成的，另一方面是公共艺术涉及的范围之广、内涵之深使各种研究的侧重点有所不同。

王中2007年创作的公共艺术作品《山水意向》位于郑州郑东新区，采用了动态艺术手段，通过风动产生的变化使人对环境产生新的体验。

范迪安策划的 2004 年中法文
化年中国公共艺术展中王中
的作品《惊魂》，位于巴黎
杜伊勒斯公园。

北京国际雕塑公园卡尔·米勒斯的作品
《人与飞马》，2004 年创作。

2004 年中法文化年中国公共艺术展中隋建国的作品《熊猫纪念碑》，位
于巴黎杜伊勒斯公园。

目前国内公共艺术的研究方向大概有三个层面，一是系统分析国外公共艺术，二是综
合剖析中国现状，三是全面结合当代艺术和社会理论的成果进行研究。这种多视角的研究
促进了公共艺术走向更富活力的艺术生态领域。

成长中的中国公共艺术既遇到了温室花朵的超标准待遇，又遭到了不同权力空间的宰

位于郑州郑东新区的傅中望作品《群英会》（2005年），作者将符号化语言与照明使用功能相结合，使之融入到城市公共空间中，是中国公共艺术转型的标志作品。

2005年中美文化年中国公共艺术展中徐冰的作品《天书》。

2005年中美文化年中国公共艺术展（范迪安策划）中，展望的作品《假山石》成为肯尼迪表演艺术中心一道移植的风景线。

2005 年中美文化年中国公共艺术展中王中的作品《当代文物系列之二》

王中的作品《方舟 1#》，位于福建漳州。

长白山国际公共艺术创作营突显当代文化精神，并融入生态绿色理念，强调本土资源的利用，搭建国际交流平台。图为李秀勤的作品《道口－基石》，是用本土材料营造的地景艺术。

长白山国际公共艺术创作营中景育民的作品《呼啸的山风》，用本土材料讲述地域故事。

长白山国际公共艺术创作营中王中的作品《景观－平衡》，将长白山的溶灰岩植入到现代材料语言中，表现传统与现代、秩序与自然的冲突。

长白山国际公共艺术创作营中段海康的作品《坐屏》

2007年由孙振华、曾成钢、殷晓烽、王中策划的长白山国际公共艺术创作营，以主要体现当代文化和时代特征的"公共艺术"为创作方式，具有综合性和多样化的特点，以改变单一的用雕塑填充景区、景点的传统模式。图为夏和兴使用长白山松木创作的参与性作品《时光隧道》。

制。无论是温室待遇，还是权力宰制，从根本上都远离了公共艺术的精神追求，远离了公共艺术所要促成的人与世界的相遇。

　　然而反思的结果，却令人悲哀地发现，公共艺术面临的温柔与权力的双重打压，其根本原因却是制度的非参与性以及"精英专制"和"视觉专制"造成的。所谓"温柔"是指从管理体制和资金的官方支持以及这种支持所附带的政治意识和国家意识，所谓"权力"是指"制度的非参与性"。这种"温柔"与"权力"的结果，虽然在历史中很大程度上推进了雕塑、壁画等艺术形式在公共空间里的"介入"，但在新的时代、新的社会条件下却在某种程度上阻碍了中国公共艺术的发展。这种新时代、新条件主要是城市化进程与空间的转型，尤其是 2005 年 10 月 19 日《中国的民主政治建设》白皮书的发表，揭开了中国民主政治发展的新篇章，而以民主政治为基础的公共艺术也必然要求相应的、更加民主的管理模式。

第四节　「城市复兴」运动与公共艺术的发展

　　近年来，在欧洲、北美正在发生着一场深刻的城市革命，这场社会运动的核心是将"城市复兴"（Urban Regeneration）的理论在社会的各个领域、各个层面、各个城市与地点进行不懈的实践。[38]

　　经过十几年的发展，"城市复兴"从一个单纯概念逐渐成为一个新的理论思潮，成为欧美现代城市建设领域中广泛应用的理论基础。

　　1999 年由英国著名建筑师理查德·罗杰斯领导的"城市工作专题组"提交了一份具有里程碑意义的报告《迈向城市的文艺复兴》（*Towards an Urban Renaissance*），将城市复兴的意义首次提高到一个同文艺复兴相同的历史高度。报告被称之为世纪之交有关城市问题最重要的纲领性文件之一。

　　罗杰斯在报告的前言中说道："要达到城市的复兴，并不仅仅关系到数字和比例，而是要创造一种人们所期盼的高质量和具有持久活力的城市生活。"

　　在这份报告中，工作组参考了德国、荷兰、西班牙、美国及其他国家的经验。在报告中，罗杰斯首次承认，在城市发展的战略规划方面，英国落后于阿姆斯特丹和巴塞罗那这样的城市 20 年。该报告提出了城市转型的三个依据：1. 以信息技术为核心的新技术革命。2. 基于对急速消耗的自然资源和可持续发展

巴塞罗那保修·依
阿路西纳码头水上
公园景观

的深刻理解，关注生态技术。3.伴随日益增长的对生活质量的追求和生活方式的选择而带来的社会转型。

罗杰斯在报告中强调了在优秀城市设计基础上的高质量城市发展，其重点是建设国家级城市设计框架，他提出的设计原则显示了以设计为主导的城市复兴进程的优势。

2002年11月30日，在英国伯明翰召开了英国城市峰会，提出了城市复兴、再生和持续发展的口号。城市复兴理论旨在再造城市社区活力，寻求重新整合现代生活诸种要素（如家居、工作、购物、休闲等），重构一个紧凑、方便宜行的邻里社区，让自然回归城市，使城市重获新生。

欧洲城市从城市的重建、复兴到城市的更新与再建，再到世纪之交的"城市复兴"的理论与实践，越来越强调城市整体设计的核心作用，更注意历史文化与文脉的保存，使之纳入可持续发展的环境理念中去，这些都为公共艺术整体介入城市空间形态提供了理论支撑。这种整体介入致力于将规划设计，历史环境保护，城市的整治、更新、交换纳入一个大的视觉系统加以考虑，并使之纳入动态的可持续发展的轨道之中。

城市是一个动态发展的过程，公共艺术同样也随着城市形态的发展而变化。在这种互动的发展进程中，公共艺术所促成的相遇也有着无限的生命力。反之，如果公共艺术不能够潜心静听并切实把握复杂的城市生态系统的脉搏，不能够创造更多的公共空间的相遇，则必然会失去公共艺术本应具有的魅力与生命力。

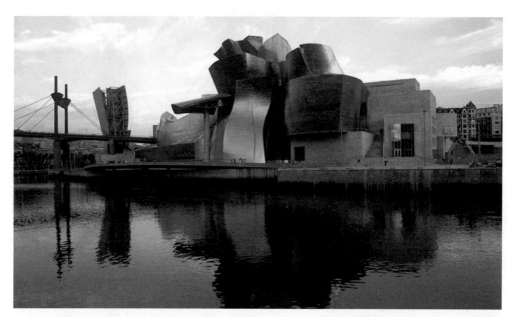

弗兰克·盖瑞设计的西班牙毕尔巴鄂市古根海姆博物馆创造了艺术设施的奇迹，博物馆一经建成，每年吸引几百万人前来参观（毕尔巴鄂市的机场为此扩建了两次），间接带来的旅游收入占全市经济的21%，带动了该市的经济发展。

巴塞罗那欧洲论坛中心景观设施集太阳能发电、露天剧场、景观标志于一体。

贝聿铭设计的巴黎卢浮宫玻璃金字塔

今天全球范围内发达国家的城市，似乎都在经历着城市转型之后的文化复兴与回归。复兴要解决因为产业转变所造成的城市转型的短路，复兴也不仅是简单的物质规划，更是社会生活、环境和文化的综合复兴。这就是"城市复兴"运动的根本，它是用一种全面、融汇的观点与行动来解决城市的问题，以寻求一个地区在综合方面有持续的改善。

巴塞罗那立交桥隧道出口的公共艺术为城市增添了艺术魅力。

柏林的使馆建筑

柏林波斯坦中心

英国著名建筑师诺曼·福斯特（Norman Foster）为巴塞罗那市设计的电讯大厦，整个建筑是一个高高的由金属材料制成的塔型作品，由钢索和钢骨架支撑一个高塔，在中间以悬挂结构组成 12 层办公楼和机房。

而回归则是对以汽车为中心的"现代主义"的城市规划的反动。回归是对城市社区生活的回归。面对无限扩张的钢筋水泥的城市，以及这种扩张在对农业用地侵犯的同时，又造成城市中心的荒废化景象，新城市主义者提出了一种新的城市规划，一种融合雅各布斯的"功能混合"与沙里宁"有机疏散"的辩证统一的理论，它主张区域发展以公共交通为

华盛顿办公大楼前广场的艺术景观

鹿特丹商业步行街限制汽车通过的艺术设施

赫尔辛基新区的残疾人轮椅坡道设计改变了建筑表情。

鹿特丹城铁车站的艺术设施

斯德哥尔摩地铁的公共艺术

华盛顿国家美术馆地下连接通道的天井设施，Z.M.裴设计，材料为玻璃、花岗岩。

主导的空间发展模式，使人们重新享受到更加"城市"之城市与更加"自然"之自然。这就是 1994 年美国的凯瑟普（Peter Calthorpe）在《新城市主义——走向社区建设》中的主张。

由于中国东西部的发展不平衡，前现代、现代与后现代空间模式与产业模式，都可以在中国各大中城市找到相应的经典案例，这种模式甚至经常同时体现在一个城市的空间之中。这就要求我们在不可逆转的全球化进程之中，真正把握城市复兴与新城市主义的精髓，并在谦虚理解中国具体城市区域空间的基础上，创造更加富有活力的生活空间。而公共艺术就是这种创造过程之中最富生机的驱动力，公共艺术也正是在深入介入空间、介入城市生活的过程中才得以发展与永生。

城市的发展记载着人类的文明，不断影响着社会总体文化的发展。反过来，文化的发展也反作用于城市的发展理念。文化与城市是息息相关的，文化是创造和谐的原动力。公共艺术是城市文化建设的重要组成部分，是城市文化最直观、最显现的载体。它可以连接城市的历史与未来，增加城市的记忆，讲述城市的故事，满足城市人群的行为需求，创造新的城市文化传统，展示城市的友善表情。

7.5.1 艺术激活空间——艺术成为植入公共土壤中的"种子"

城市的发展体现着人类文明的变迁，影响着社会总体文化的发展。反过来，文化的发展也将反作用于城市的发展理念。如果说文化与城市是息息相关的，那么，文化就是创造和谐的原动力，公共艺术是城市文化建设的重要组成部分，是城市文化最直观的载体。它可以连接城市的历史与未来、增加城市的记忆、讲述城市的故事、满足城市人群的行为需求、创造新的城市文化传统、展示城市的友善表情。这种城市与艺术的关系可能有多元化的表现，但"艺术激活空间"也许是最具公共性，也最具魅力的一种。

在这样的空间关系中，公共艺术应是植入公共土壤中的"种子"，使艺术盛开文化之花，使城市更具活力，大众则可能成为公共艺术"发生"过程的一部分，他们每个人只保留了一段乐谱，可能在组装后形成艺术的整体，也有可能仅仅是一个片断性的乐思或动机。策划人或艺术家是乐队的指挥，负责串联这些乐章，并使它反映时代的色彩。在作品呈现的时候，大众往往会惊喜于自己的片断被放大并呈现于公共视野。

郑州的1904公园和北京地铁南锣鼓巷的《北京–记忆》就是这样的"种子"。它们的意义并不仅仅在于项目本身，而在于创作者提出了"艺术激活空间"的主张，并很好地完成了落地的实践。事实证明，落成后的公共艺术创作得到了民众的广泛认可，并通过民众的互动促进了其所在区域的文化活力。于是小小的艺术空间渐渐生长成为整个区域的文脉。

而盐城和上海世博轴的公共艺术规划设计虽然没能最终实现，但其着眼城市生活的出发点乃至全球的视野，无不像艺术的"种子"一样，将引发城市活力的裂变。

7.5.2 郑州1904公园——艺术"种子"植入公共生活

郑州历史悠久，作为三千年前的帝国古都，留下的不仅是斑驳青铜器上的繁复纹饰和商城遗迹，还有一种源自血液的文化密码。久远的辉煌历史过后，郑州经历了一段漫长的沉寂时光，一台蒸汽机的"嘟嘟"之声重新给这座城市带来了光彩，火车激发了这个城市新的生命力。"火车"与"工业怀旧"是这个城市的关键词，然而"复古城市"、"火车城市"

郑州东风渠原貌，在1.5公里长的线性空间沉睡着一条旧铁道。

这样的名词组合与概念又显得过于空泛且平庸。创作团队很早就有了一个心理预期，这里应该选用一个符号化、抽象化、可情景演绎的文化孵化生长概念。对于全世界来说，火车是一个充满了希望与未知的感性名词，蕴藏了太多的故事。在故事发生地，东风渠的水从未开发的荒凉与孤寂中流出，途经城市建设开发新区的热闹与活力。这条人工的渠道以及渠道旁早已废弃的老铁轨，像一位长者温和地牵连着沧桑的黄河与刚崛起的郑东新区，默默注视两岸高楼逐日生长。

在查阅资料的过程中，创作者被"1904"这个数字所吸引。"1904"是一个年份，是火车最初驶入郑州的时间节点。创作者试图让城市的历史文化从日常生活中彰显出来，让城市记忆以物质的形式保存下来、流传开去，加深市民对居住地的认识，唤起市民对城市的情感，以城市文脉为纽带在市民之间建立起紧密的联系，营造一个友善的城市表情：它的形象是清晰可识别的，它的内容是熟知可解读的，它的品性是个性而又可通融的，它的情怀是宽厚可感知的。

创作者开始对"1904"展开想象：原本是一个被城市发展所遗忘的地方，杂草丛生，有一条孤寂的铁轨静静地凝望天空，有一节废旧的火车头与之为伴，有一天，一对情侣来到这块都市的清净之所，他们在荒废的铁轨上嬉戏亲昵，如探秘般发现了铁道两旁时间留下的印记：一道裂缝，一块擦伤，成为他们杜撰故事的证据。最后情侣留在了这里，变成一座有着幸福姿势的铜像。后来，越来越多的情侣慕名而来，在铁轨上小心牵手前行，每个失足处都提示不同的爱情故事与结局，火车头成了游戏通关的体验场，杂草丛生的旷野成了音乐节的理想舞台，越来越多人低下头来，细细品味着铁轨上时间的故事。

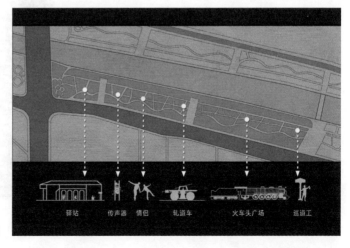

1904 公园整体布局图

指引火车驶入郑县东站的铁路工人雕像

蒸汽机车成为这个城市新的动力，在此被转换成孩子们游戏通关的嬉戏载体和体验场所。

火车头广场，将工业的符号性、装置的互动性、体验的趣味性集于一身，记忆不是死的，而是植入了城市的肌肤，融入了人们的生活。

在孩子们的眼里，沉重的历史不再是他们的功课，而是他们的乐园。

压道车不仅是一个城市记忆符号，也是满足市民心理和行为需求、与之娱乐互动的装置作品。

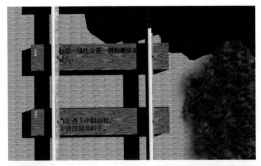

铸铜枕木及文字：如果一条枕木是一棵树的寿终正寝，那么，你走过多少个森林，才会撒开我的手。

这是一个有关爱情占卜的谐趣园，记忆可以被封存，一对情侣把爱情的见证权赋予这条城市记忆轴，爱情从这里开始，并一直走下去。

图为可以通过传声系统互动的艺术装置。

1904年的郑县驿站

如今，驿站也是郑州人的"忆站"。创作者颠覆了传统的雕塑表现形式，将雕塑与整体场域进行整合设计，构成了新的空间语言。场域、构筑体、人物雕塑，每个单体都不再单薄，相互诉说着自己的故事。

有了雕塑的点缀，整个场域似乎发生了时空穿越。

虚空的建筑框架和实体的人物雕像形成的对比关系，强化了记忆时空的交织关系。

  1904公园以现存的废旧铁轨所在地及周边地域为线性空间，以铁轨串联起火车头广场、情侣主题场景、驿站、传声器等，通过几个主要节点清晰地讲述这个城市与火车的独特缘分。1904公园的使命就是纪念这一段近得让现代人忽略的历史。有一天这一段历史会变得弥足珍贵，当我们冷静下来试图向后辈讲述这段历史之时，可能发现没有一片物证可以沉

1904 公园驿站赶车的乘客雕像

默却强有力地证实这段历史，因此，在这一场举国的拆迁中，我们应该做的是为那些被拆迁走了灵魂的城市保留一些温暖的回忆，并且不断注入新的故事。

1904 公园的魅力不在于创造了什么，而在于找寻与发现，更可贵的是大胆地保留。创作者希望公共艺术从"品"的领域中飞跃出来，构造公共领域的文化场域，从"附属品"变成场域的"主语"。

7.5.3 北京地铁——公共艺术绽放城市友善表情

轨道交通公共空间的特殊性在于它的流动与穿越，既是对历史和空间的穿越，更是对地域文化的穿越。随着 1863 年伦敦第一条地铁线路的开通，世界上已有 40 多个国家和地区的近 140 座城市建成了地铁，随着地铁线网建设的发展，越来越多的城市在地铁中引入公共艺术，甚至将其纳入政府的文化政策和市民的文化福利，地铁成为展示城市文化与艺术新平台、连接市民文化生活的纽带。走入地铁，就仿佛走入了一个国家和地区的文化长廊。

当前的城市再开发给北京的城市建设带来了机遇与挑战，在城市建设从规模到质量的转型期，北京的轨道交通建设迎来了新的发展阶段。显而易见，新北京的轨道交通建设模式将对中国其他城市的地铁建设理念产生深远的影响，它的"文化形象"也显现着一个国家的文化底蕴，甚至承载着一个民族的文化自觉意识。同时，它也彰显着北京这个城市的文化表情。这个文化表情绝非几个标签式的京剧脸谱符号，被高架桥掩埋的孤独城楼，或者涂了灰色涂料、"抚平"了沧桑的胡同景观。

北京是一座有着独特魅力的历史文化名城，无论是皇家殿堂的恢宏，还是市井胡同的京腔京韵，都散发着别具一格的北京味道。在这样一个人文城市里，人们对精神文明和文化艺术的需求是与生俱来的，并随着生活方式的转变而变化。结合其特有的城市文化进行轨道交通的公共艺术创作，成为留存北京记忆的重要手段。

为了缓解交通拥堵、空气污染等世界大都市共同要面对的难题，北京地铁作为最重要的交通工具，未来五年将成为世界上最大的城市轨道网络之一。轨道交通在市民生活中的地位越来越重要，地铁出行已成为城市生活中最常见的日常行为，轨道交通的公共艺术也将成为城市魅力不可或缺的重要载体，目前其数量已超过100件（组），北京地铁的人流量峰值超过1000万人次，这意味着每天面对公共艺术的人数不少于500万，这个数字是美术馆、博物馆参观人数的数百倍。如此强大的社会关注度和影响力，使其不可避免地成为新的城市文化资源。显然，地铁公共艺术是城市文化建设的重要组成部分，是城市文化最直观的载体，连接着城市的历史与未来，创造着新的城市文化传统。

艺术装点空间

让人们在出行之余近距离接触公共艺术，让艺术走进生活，让城市更具人文魅力，成为北京轨道交通建设的重要课题。上世纪70年代末，首都机场一号航站楼展出了一组集体创作的壁画，社会反响很好，此后北京地铁也开始考虑在车站引入壁画。1983年、1984年，地铁2号线的建国门站、东四十条站、西直门站分别请袁运甫、张仃等艺术大师创作了《天文纵横》、《华夏雄风》、《燕京八景》、《走向世界》等艺术作品。东四十条站入选上世纪80年代的十大建筑之一，壁画作品功不可没。这是地铁引入公共艺术的第一阶段，艺术更多地依附在墙面上，其功能在于"装点空间"。

艺术营造空间

2008 年北京奥运会前夕，公共艺术开始成规模地进入地铁公共环境，其代表当属中央美术学院团队创作设计的奥运支线和机场支线，地铁公共艺术进入"营造空间"的发展阶段，其主要的表现手法是艺术空间化、空间艺术化。特别是奥运支线的公共艺术设计，把整体的空间用整体的艺术语言加以放大，将柱子、吊顶、座椅、地砖、屏蔽门等空间元素进行了一体化的艺术设计，使之成为一个整体的艺术空间。

公共艺术在营造新的城市公共空间与环境景观的同时，也用多重手段创造着城市的新文化，成为文化生长的孵化器。这种城市文化的精神场甚至成为城市风格的助推器。地铁站台的公共空间的环境需求带来全新的城市文化需求，在满足快捷安全功能的同时，北京地铁公共艺术建设从"艺术装点空间"转型为"艺术营造空间"，进而走向"艺术激活空间"，为城市注入文化的灵魂，恢复城市历史的记忆，建构城市的人文精神，营造宜居、艺术的生存环境。

2012 年，受北京市规划委员会和轨道交通建设管理有限公司的委托，中央美术学院完成了"北京轨道交通全网文化规划"课题，确立了北京地铁公共艺术"传承北京城市文脉，发扬北京城市精神，地上地下映射互动"的主体思路和"文化、空间、艺术三位一体，区域、站点、线路相辅相成"的规划设计原则，使地铁成为展现北京城市文化与人文精神的平台和绽放城市友善表情的载体。同年在北京地铁6、8、9、10号线二期工程的艺术统筹和8、9、10号线的公共艺术创作实施中，中央美术学院创作团队创意的切入点是想象乘客游走在各条地铁线，感受现实与历史的交辉，充分体会北京这座文化古城的前世今生。

北京地铁南锣鼓巷站的《北京–记忆》是此次公共艺术创作实践中的典型案例，其意义并不在于项目本身，而在于"艺术激活空间"主张的落地实践。事实证明，建成后的艺术作品得到了民众的广泛认可，并促进了该区域的文化活力。

南锣鼓巷站《北京 – 记忆》
——从植入公共生活土壤中的"种子"到城市活力的裂变

城市是靠记忆而存在的。

——爱默生

南锣鼓巷始建于元代，是北京老城区的核心，有着原汁原味的胡同风貌和众多趣味盎然的生活场景。传统与时尚的独特融合，构成了南锣鼓巷的独特魅力与风情，也使南锣鼓巷成为京味风情的窗口，并入选美国《时代》杂志评选的"亚洲25个不得不去的趣味旅游目的地"。

公共艺术作品《北京-记忆》位于北京地铁6号线南段的南锣鼓巷站厅层。作为北京地铁线网的重点站，其公共艺术创作在重建模糊的北京记忆的同时，更加注重艺术的延展价值，让作品讲述城市的动人故事，承传城市的创新精神，绽放城市的友善表情。作品强调地域识别性和互动参与性，通过创新的策划理念、广泛的合作、多维的空间延展，使之超越了艺术作品本体的物质形态，将公共空间、大众和艺术作品联结成一个新的领域，成为集艺术作品、公共事件、社会话题、市民互动、媒体传播于一身的新型艺术载体。

《北京-记忆》的整体艺术形象由4000余个琉璃铸造的单元立方体以拼贴的方式呈现出来，用剪影的形式表现了具有老北京特色的人物和场景，如街头表演、遛鸟、拉洋车等。有趣的是每个琉璃块中珍藏着由生活在北京的人提供的一个老物件，比如一个纪念徽章、

针对老北京的现场信息采集照片

《北京-记忆》从信息采集到整个设计，是一个复杂的信息沟通与互动的体系。正是在这样的互动中，再造了关于"北京记忆"的新的场域空间，成为各攸关方的精神文化家园。

一张粮票、一个顶针、一个珠串、一张黑白老照片，等等。这一个个时代的缩影，在不经意间勾起了人们对北京过往岁月的温暖回忆。

　　每个琉璃单元体中封存着承载鲜活故事的物件并在邻近的琉璃块中加入可供手机扫描的二维码，市民可以通过扫描二维码阅读关于该物件的介绍及其背后的故事，观看物件提供者的访问视频或文字记录，并与网友通过留言进行互动。通过这些延展活动，也借助地铁庞大的人流形成的影响力，将北京记忆的种子植入人们的心中，让城市的历史文化从日常生活中彰显出来，让城市记忆以物质的形式保存下来、流传开去，并与当下生活发生关

《北京-记忆》的主体初步安装之时。

琉璃中包裹着老北京的物件，
通过扫描二维码可以了解其
背后的故事。

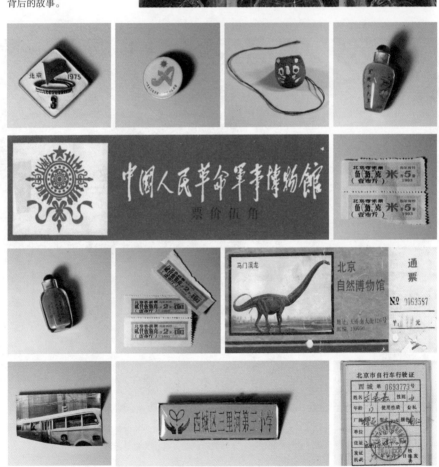

每一个看似普通的老北京物件，都潜藏着一个老北京生活的切面。

观众通过扫描二维码与作品互动。

《时光绘印》，李震、何崴创作，位于北京地铁6号线南锣鼓巷站。黑白灰的古老形态，化作艺术家手中澄静的艺术语言——白描的单纯和透视的幻觉，更能激起观众对于印象中的南锣鼓巷的温暖记忆。

《北京-记忆》在北京南锣鼓巷地铁站的整体形象

联，使每个市民成为艺术的参与者，在产生自豪感的同时激发责任感和归属感，也激发起游客对这座城市的喜爱和记忆。

因此，地铁南锣鼓巷站公共艺术的呈现，比结果更为重要的是采集物件的过程，在这个过程中，市民为这个城市的乐章注入了属于每个个体的音符。众多的个体记忆被集合、放大、发酵，最终升华成为城市的集体记忆。也正是在这个过程中，本质上零散的个体记忆转化成为"被收集的集体记忆"，通过作品的多元传播延伸成"传递性回忆"。

值得强调的是，创作团队以公共艺术计划的形式，综合运用网络等虚拟空间与观众沟通互动，通过媒体的介入和推广形成影响广泛的社会话题，为老物件和老北京文化找到了新的载体，将整个过程酝酿发酵成一个文化艺术事件，为北京文化的传承和衍生带来了全新的可能。

公共艺术之所以是"公共"的，绝不仅仅因为它的设置地点在公共场所，而是因为针

《雕刻时光》，武定宇、王中创作，位于北京地铁8号线鼓楼大街站。作品追求艺术的纯粹性，试图以想象突破受现实局限的空间，利用平面图形与空间进深的变化关系，将图形在空间中叠加，形成一种新的视觉体验。

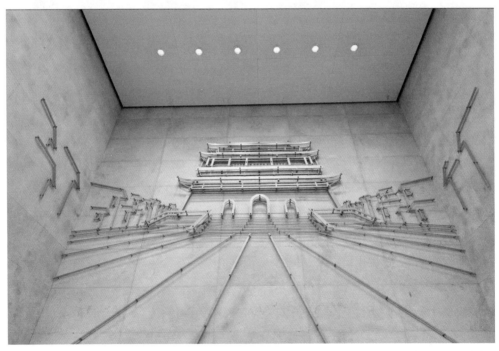

艺术空间与现实空间的融合成为《雕刻时光》的形式创作关键，正是空间的单纯及其引发的丰富体验成就了艺术作品的华彩。

《花样年华》，张兆宏创作，位于北京地铁 10 号线草桥站。闹钟、汉堡、咖啡代表着早晨的时光，电脑、记事本、电话代表着中午时光，鲜花、红酒、购物筐则代表着晚间的时光。当你和这个时尚女孩站在同一个站台上等待着地铁列车到来的时候，你和她也许没有什么不同。她既是时代的样板，也是时代的一份子。

从平面到立体的小小转化，使整个站台空间成了艺术的空间，于是观众也就走进了艺术的"花样年华"。

《燕京之春》，张兆宏创作，位于北京地铁 10 号线西钓鱼台站。作品只是燕京生活的一个小小切片，却在朴素之中显示了最动人的瞬间，也许这个瞬间就是燕京美好环境的永恒记忆。

《甜蜜生活》，张兆宏创作，位于北京地铁 10 号线西局站。公共扶梯的空间狭小，市民难以驻留欣赏，艺术家却在这小小的空间里，营造了一片阳光灿烂的田野，而从平面飞出的小蜜蜂也许就是造就其艺术能量的核心。

对"公共"提出或回答问题，因此，公共艺术并不局限于城市雕塑、壁画和物化的构筑体，它还是事件、展演、节日、偶发或派生的城市故事的催化剂。

北京新地铁公共艺术建设主张在营造新的城市艺术环境的同时，让公共艺术从单纯的艺术领域中飞跃出来，将艺术植入城市肌体中，激活城市公共空间，使艺术成为植入城市公共生活肥沃土壤中的"种子"，诱发文化"生长"，使艺术之花盛开，让艺术成为城市生活的精神佳肴，令城市焕发生机和活力，激发人们更加热爱自己的城市和社区，提高城市的美誉度，创造城市的新文化，使公共艺术成为一张传递城市文化的艺术名片。

7.5.4 城市重塑的探寻——盐城公共艺术规划实践

百河之洲，水绿盐城

受盐城市建设局委托，中央美院城市设计学院将对盐城市水系景观开展公共艺术概念性规划。通过规划设计，力图彰显城市个性，使深厚的地域文化、优美的自然环境和现代的城市气息融为一体，形成独具特色的城市水系景观格局，营造生态、现代、鲜明的城市特色形象。

城市公共艺术在整个城市建设中具有重要意义，建设一个现代化的新兴城市，必须在改善城市基础设施的基础上，改善整个城市的文化和艺术氛围，提升城市的整体形象。城市公共艺术是为了塑造一个由自由平等的公民空间，该空间的关键要素是开放性与交互性。公共艺术是面向公众发言的，它们与公共事务密切相关，能够激发公众对社会事务和生活空间的思考。

对城市文化与环境的考量，涉及维护和恢复城市公共地域的文化生态，保护和建立多样化的公共文化，建立可持续发展的具有前瞻性的文化通道。

对城市社会与文脉进行梳理，强化城市空间与语义的功能记忆，保护城市文脉和恢复城市历史记忆，强化城市空间文化的延续性，维护城市公共交流的自然文化生态，整合城市的文化力量进而创建与世人共生的公共文化环境，是盐城公共艺术规划的项目目标。

鉴于盐城独特的地域特点及丰厚的城市文化资源，鉴于盐城城市文化建设发展的需要，也鉴于市政府致力于打造独具魅力的"百河之城"的需要，我们认为盐城市河道的景观建设应该以历史文脉、地域特点、旅游脉络、景区规划等为依据来确定设计构想，融入现代的公共艺术理念，拓展对景观的认识，将城市文化、视觉艺术、景观、地貌特征等融入一个大的视觉系统予以考虑：将现代公共艺术与景观观念渗透到河道景观带的每一个环节与局部，并坚持以人为本的设计原则，再现东方"天人合一"的美学观，以人与自然的融合为理想，将生态环境的建设和保护放在首位，建设具有独创性、综合性、休闲性、艺术性、参与性的生态型高品位的河道景观带，使富有文化内涵的"百河之城"成为盐城的形象代言人。

我们对盐城市的城市定位围绕盐城水系景观进行，结合盐城水系的现状，我们将科学性和艺术性融合于水系景观设计中，并结合盐城市的民风和城市文化，将城市设施及景观集功能性和艺术性表现于一体，力图影响市民的科学和文化素质，营造和谐的都市空间。

盐 城 赋
云 浩

豪迈海涂　壮哉湿地　激越江淮　勤奋苏北　华夏只此盐城　揽西河汇东海　百川涌夏　携北日越南天　万鹤鸣秋　串场河头　文士书传海内　泰山庙下　将军剑指江南　有麋鹿绕林　鱼鹰弄月　紫竹护云　黄芦映日　诚千古大观　忆昔沧海为盐　桑田堆雪　劳盐城十万夫　富扬州千百户　八怪得以搔首瘦西湖　而今洗江川　涉湖朔　金石篆琉楼侧畔　诗文写绿圃之中　游舟河上　曾照唐宋之月　亦披你我之身　历范仲淹所历之堤　游施耐庵所游之岸　璃瓦穿水　柔柳拂船　天下三分明月　两分从此盐城

现在读到这篇《盐城赋》，笔者仍然感慨万千，回想在这个苏北重镇考察、工作的日日夜夜，仍然有一种激动涌上心头，盐城是未尽的城市工程，其专项公共艺术规划凝结着我们的城市理想。《盐城赋》的意识指向就是我们研究盐城时的工作所得，只是诗人云浩把它作了诗化的文体阐释。这里面的串场河（历史盐业运送河道）就是整个工程的历史与地理承载，泰山庙是新四军军部所在，也是此次考察的历史沿革重点。麋鹿和仙鹤又是盐城作为中国巨大的湿地资源引来的保护物种，其实盐城要发掘的还远不止这些，随着我们这个工程的实施，盐城的未来价值会因为公共艺术的介入而成倍地提升。

盐城的工作是我们研究公共艺术的案例之一，虽然由于种种原因工程尚未实施，但整个工作过程却很可能为我们找到了将今天中国的公共艺术导入城市再开发的方法。

着手

从动机开始，盐城是江苏大市，在历史上曾经承担过国家经济命脉——赋税的重担。在盐业从国家赋税主业的位置脱离的历史演变中，盐城曾有过多重时间性和空间性的角色：新四军指挥部驻地、国家级湿地、丹顶鹤保护基地、麋鹿保护基地……

在这个崭新的时代，盐城会是个怎样的区域？在当地乃至中国和世界扮演怎样的角色？

分析

分析方式的确立：找到城市，或者说找到城市的灵魂是建立制高点的基础，从哪里入手，哪里是城市的群魂与个性魂魄？

工作方式

我们要综合多少城市元素，并且我们要动用多少智能资源，才能实现城市中心制高点——城市魂魄的找寻与重塑？

我们要组合一个怎样的团队呢？想想我们的要点：

规划——这是中国新时代建设所依托的框架式结构，城市工作的总纲领。纲领性思路的精确化就是整体工作的出发点，所以，我需要规划的人才。

策划——在当前的商业工作中，策划工作被空前地放大，甚至到了策划决定一切的地步，导致了新的"空话"、"大话"的诞生，但是，切实的策划在工作的整体过程中，无疑是至关重要的一步，它可以衔接规划的理性和设计的感性。这个部分无疑是重要的，我们需要策划的大手笔。

设计——最终呈现出的成果是公共艺术规划及设计产品，设计师是我们的中军，普通设计师的设计工作远远不能符合城市公共艺术的要求，更谈不上重塑城市魂魄，我们需要设计师参与到规划和策划的建构和聆听中。

现在一个团队的雏形已经诞生，它不同于以往的工作方式，而是整合了众多围绕城市工作的人员，做统一化的整体工作。

我们需要把传统的片断式工作方式变成一个整体，需要让每个片段的人员经历整个工作过程，并找到最合适中国的一种工作途径——中国式的公共艺术途径，同时包含拯救的工作目标，这使我们的工作比起国外的工作模式又多了一层国家精神还原的工作高度。

我们希望整个方案是生长出来的——是基于对城市的准确把握所进行的或隐或现的城市精神的重塑，而绝不是搞几个"大师"的雕塑就可以完成的。

还需要什么？城市需要有体量的建筑物和有符码的文化遗迹，更需要无形的资源——文脉，这个有多少历史就有多重分量却又不可称量的元素。越是厚重的文脉历史，梳理的工程就越浩大。有哪个国家的文脉比中国更厚重？在后现代建筑理论家的视野中，文脉作为后现代建筑的第一要素，找到文脉并且或延续或颠覆文脉，完成文脉的重塑才是城市工作的重中之重。

文脉到哪里去找？在历史的遗迹中，哪些故事影响深远？我们需要懂文物的人，更重要的是，我们需要找到分布在民间的历史话语，在那些话语中一个城市以隐性的存留始终在生活着，它或许已变得衰减隐蔽，但城市就在这些残墙与片语中！

我们的方法——我们要组合人员，在工作开始之前我们希望他们明白这是一种整体的工作方法——那就是整个工作像一个车轮，每个部件的合理化运行将导致整体化目标的实现，整体化目标被我们先期设定为：城市的精神重塑。这是整个工作的总方向。

至于这个城市的精神在什么时间从模糊变得清晰，在什么地点呈现出这种清晰，就是工作的结果了。

我们的团队——从规划人员、策划人员到设计人员，事实上我们每个人都是整个方案的学生。这次活动是公共艺术的中国方式的摸索，这个方案的诞生不仅为盐城的城市艺术改造勾画了蓝图，更重要的是表明了整个中国的公共艺术态度。

这是一次教学与科研结合的演练，由30人组成的工作团队向盐城进发……

工作初始，我们在盐城连续几天开会，聆听盐城市的"老人"们讲述城市故事，他们有江苏文化的研究者，有盐业的学者，有城市当代建设的领导者，有文物专家，他们要完成的是整座城市故事的重现，引导所有的人包括设计师在这个已有的文化结构中穿行。

我们将一个由教师和研究生组成的10余人的调研队伍推向街道，对每一个经过的路人、居家的市民作城市调研，把我们工作中呈现的专家话语和大众话语直接衔接。我们开始为期数月的城市文化调研与体验，从城市已有的形态中寻找城市的文化残片。

剩下的就是一步步的成果了：

城市客厅——串场河盐文化之路

我们将8公里长的串场河分为三大板块——承载历史、水岸客厅、生态未来；四个主题——历史文脉、文化休闲、工业再生、生态绿洲；六个场景——城之风、城之味、城之骄、城之悦、城之季、城之源。

煮海为盐，城市之源

造神：在实地的调查和大量的文件阅读过程中，我们发现在盐城的城市精神结构中盐的痕迹无处不在，它构成了盐城城市的内在文脉，而且以话语发散的形式散布在民间生活和公共话语中。

应当用盐和盐的精神话语构造当代的盐城，使城市个性中最良性的部分得到扩大，使城市和它的人民得到精神场域的穿越，从而使精神整体得以安放，并得到升华。

如何提炼盐的精神，而且把盐的精神变成可以宣叙中华民族某种内在的精神，我们从盐业的源头开始搜寻，一个久违的神出现在我们的视野中，盐的人文始祖——盐祖夙沙。中华人文始祖作为民间造神的"古语"，一般都源于史前史的华夏民族的劳作精神中，它以神话话语方式讲述的恰好是华夏民族的内在精神，有多少个造神，就有多少个民族魂魄。

夙沙的精神就是盐业精神，更是中华民族的内在精神——工巧与辛劳结合的中国劳动精神。

重新塑造盐祖不是为了造一座牌坊，而是对中华传统精神回望。在回望中，重生与升华的气质才是这个新"塑神"的真正意义。

新的创造命题摆在我们眼前：怎样为这个神仙塑一个"城雕"？像其他各种中国城市那样找个交通环岛，用铜造个像，图像性地宣布这里是制盐基地？还是……

让我们回到盐城文化的物质承载——串场河上。

串场河，顾名思义，是盐业买卖的中心运输河道，河流的走向以及周边的建筑模式和分布带我们走回了那个喧嚣的盐业时代，这条河流既是盐城的母亲河流，更是中华民族的一种伟大精神——勤劳的物质载体，甚至可以说就是关于盐业，关于制造，关于劳动的叙

在串场河端头的一水码头是河道游览的起始点。

一水广场是一个多功能的休闲场所。

事史诗。

让盐城的精神回归它的精神载体。

完成这一步工作后，我们找到了景观的空间位置，然后将研究考察工作得出的结构，汇同我们的规划结果、策划结果一并铺陈在这条绵延的河道上。以下是几个局部区域场景设计。

一水码头

位于城市开端的串场河水面辽阔，我们在这里设置整个旅游产业链的游览开端，以"太一生水"为文脉依托，融码头、餐饮、功能设施、水域时空、亲水平台等于一体，围绕码头展开艺术化景观。

七海广场

在区域中，我们将历史上海盐制作的筑团、通海、开摊、灰卤、割苇、立盘、煎盐七部流程演绎为七个互动艺术景观，盐业的元素经过艺术化的符号提取重现在盐城人的生活中。它的公共艺术价值是为城市建立一个可供游览、休憩的场域，但更重要的是建立了一

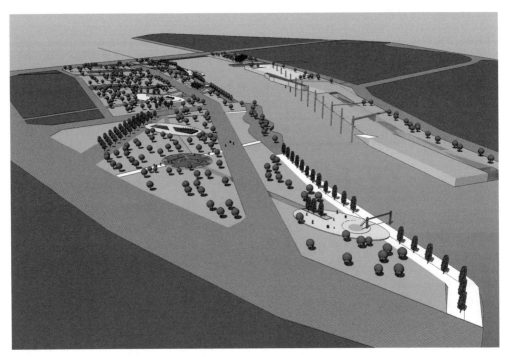

将历史上人们制盐的七个流程演绎为七个互动娱乐休闲艺术景观。

个精神场所。盐城人行走在盐城的精神符号安放成的物质场所中，在体味与休息的过程中，原本属于这座城市的精神又回落到这城市的人民心中，通过身体对自己熟知场所的游览完成了精神的游历，最大限度地完成精神的阅读和胸襟的拓展。通过对盐的精神的当代领悟，重新走回那未完成的历史；同时对于完全符合当代国际化的公共艺术的参阅，也使观者真正感同身受地走在了国际审美前沿。

在河对岸将制盐场景结合路灯照明设计的景观柱

历史记载的制盐流程之一"割苇"图谱

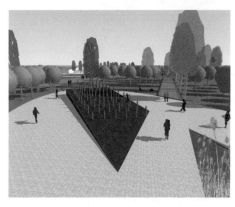

以自然芦苇和艺术芦苇形态营造的体验空间

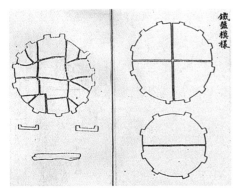

历史记载的制盐流程之一"立盘"图谱

以"立盘"的历史形状为依据设计的水景景观，是儿童的嬉水场所。

历史记载的制盐流程之一"煎盐"图谱

以"煎盐"为依据设计的叠水和地上的喷雾装置营造的煎盐场景

海盐博物馆

这是一个充满公共艺术原则的开放的博物馆，其造型意象源于"盐岭积雪"的诗句。它拥有一个相对封闭的场地，以陈列那些和盐业史，包括盐祖精神有关的内容。我们的设计采用的是灰白色外立面与玻璃交相辉映，这也是盐给人的视觉颜色。我们在入口和廊道的当代艺术设计，符合并领先着国际风格，同时也是一个可以自由穿梭的空间。整个广场通过雕塑、水景和博物馆本体的和谐配置，构成一个开阔而且有意味的空间；通过各个景观的比例的搭配，营造出一种数学般的审美意象，而我们要讲述的故事就包含在这个有比例的意象化的场景中。

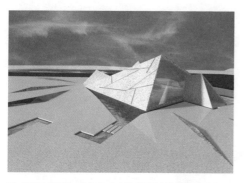

以"盐岭积雪"意象为造型依据设计的海盐博物馆是
盐城的独有资源。

海盐博物馆夜景设计

后现代工业公园

从规划伊始，我们就坚持不要把所有的旧建筑和旧的产业痕迹全部铲平，而使河岸上遗留的塔吊、工业设施等成为景观营造的元素，因为那些痕迹里面有一座城市的"源"意识，对于盐城串场河边的很多塔吊的保留不光是保留这个物质形式，更主要的是把物质作新的结构解析。这些塔吊被我们设计成餐饮空间的穹顶，这不是简简单单的旧物改造，而是对逝去的工业中蕴含的精神的再现和凝视，这种凝视和再现分明是对自身所处的文化氛围的再现和凝视，这是更关键的公共艺术要求。

利用废弃的塔吊设计的码头亲水餐厅草图

带有餐钢饮铁气质的亲水餐厅效果图

用废弃的机械设备结构组合设计的
互动娱乐设施

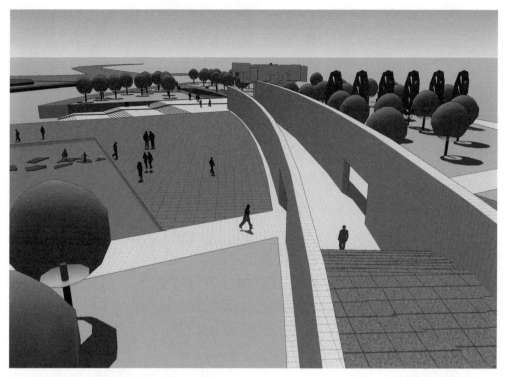

文赋园的观景廊台效果图

后现代工业公园现状

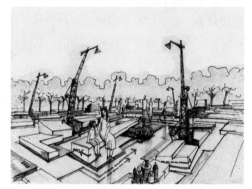

用废弃的塔吊结合照明设施设计的景观步道效果图

　　盐城公共艺术专项规划的研究是我们这个团队横向联合磨合得最成功的一次，是基于我们想在中国创造出最合适的、符合中国审美的、符合中国精神的公共艺术，这也是出于我们希望通过公共艺术完成城市再造，甚至城市拯救的美好愿望。

将原有旧工业厂房设施改造成新型公园设施，以保留城市历史的记忆。

7.5.5 "无限"时空：上海世博轴——沟通，点亮城市

上海世博轴公共艺术的创作设计可以说是国内用艺术激活空间的典型案例，其引发的公众参与和社会互动点亮了城市，沟通了世界。

中国 2010 年上海世博会以"城市，让生活更美好"为主题，吸引了超过 210 个国家和国际组织参展，深入探讨哪种城市发展模式让地球家园更美好，寻求宜居的未来城市发展空间。世博轴是上海世博会的关键枢纽，无论是从功能还是艺术角度而言，都是世博园的核心。作为连接纽带，它不仅能促进世界各国在世博会的平台上交流对话，更是 21 世纪新上海的文化轴线。

数字科技、体验互动成为此次世博轴公共艺术创作设计的核心理念。它旨在聆听上海，触摸世界。世博轴雕塑长廊以承接过去、指引未来的空间意象，将上海开放的国际化形象及其特色传播给世界，创造上海城市与国际都市对话的平台。同时，世博轴连接浦东、浦西，将被黄浦江横穿的世博园区紧密连接为一体。创作者利用这一地域特征创作艺术作品，使之成为上海新老城区的纽带，同时也预示着东方与西方文化的交融，以及城市未来的发展趋势。此外，地域景观与雕塑的共生也是此次创作设计的重要理念，以制造区域化的空间景观雕塑场。

创作者将虚拟媒介语言与空间实体造型相结合，创造了一个四维的雕塑空间，综合运用影像、声音、电子、光纤等视听语言，形成声、形、体、场的全方位感知体验，营造出一个绚丽多彩的艺术空间，同时强调以体验的方式感受艺术主题，让观者与雕塑艺术之间产生多维互动，拉近艺术与观者之间的距离。这种互动包括上海与世界的互动、观众与艺术的互动、各参展国家之间的互动等。世博轴是一个开放的平台、一个多元文化的展示地，可以通过平等公开的展示，达到交流和互动的目的。

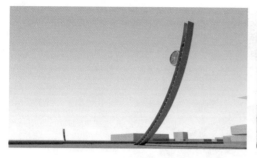

《时空之轴》，东方智慧的当代思考，时间在空间中游走。创作者用艺术化的手段，将被黄浦江割断的世博轴在气势上接连起来，以表现世博轴承接过去、指引未来的空间意象。这也是一座城市新观光塔，意在借此领略城市发展新风貌，塑造都市自信心与气质。

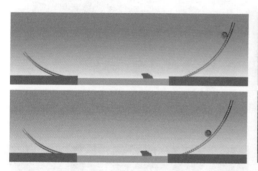

《时空之轴》的运动轨迹。作品以时间的无限广博与空间的同一性来阐释城市与未来的关系，隐没于江水中的弧线造型承载着纵向时间（时钟刻度）与广度空间（经线刻度）的双重隐喻，雕塑上的球体装置以实体（地上）与虚体（水面）的双重身份在江面两端随时间而滚动，沟通起浦东、浦西，思索东西向空间与历史向时间的连接。

《地球回声》以声音为手段，将世界各城市连接起来，以实现城市共同体之间无障碍的沟通。此作品以世博轴两岸雕塑造型体为主，各国家展馆配合辅助。公众可以通过雕塑的触摸屏，利用特殊的对话程序，与雕塑装置另一侧的朋友畅通交流，作品同时可以放大城市的风声、水声，实现人与自然的沟通。

《和谐共生》位于世博轴一层，以"互赠土地，城市传承"为创作主题。土为城市之本，"土者，地之吐生物者也"，其本身就暗含一种潜在的文化交流。作品以城市的发展进程为依据，采集对人类发展有贡献的城市土壤，开展其与世博轴线上各参展国的土壤互赠的仪式。

盛放各参展国土壤的雕塑体利用多媒体互动影像，向世界游客介绍其历史文化、城市建设、生活风情，旨在让世界文化在上海聚集融会，同时将新上海的形象传播到世界各地。

与各参展国互赠土壤的礼盒。简洁方正的造型融入魔方与时间沙漏的空间理念，形成富于变化的趣味礼盒。

[1] 樋口正一郎：《世界城市环境雕塑·欧洲卷》，中国建筑工业出版社，1997，第 197 页。

[2] 黄义宏：《西方都市环境环境中户外艺术之研究》，私立东海大学建筑研究所，1989 建筑硕士学位论文，第 79 页。

[3] 高宣扬：《后现代论》，中国人民大学出版社，2005，第 161 页。

[4] 汉娜·阿伦特：《人的条件》，芝加哥大学出版社，1958，第五章。

[5] 刘易斯·芒福德：《城市发展史——起源、演变和前景》——中国建筑工业出版社，2005，译者序言。

[6] 刘茵茵：《公众艺术及模式：东方与西方》，上海科学技术出版社，2003，第 11 页。

[7] 南条史生：《艺术与城市——独立策展人十五年的轨迹》，潘广宜、蔡青雯译，台湾田园城市，2004，第 13 页。

[8] 哈贝马斯：《公共领域的结构转型》，曹卫东译，学林出版社，1999，第 3 页。

[9] 何增科：《市民社会概念的历史演变》，中国论文下载中心，06-01-20。

[10] 哈贝马斯：《公共领域的结构转型》，曹卫东译，学林出版社，1999，第 3 页。

[11] 同上书，第 81 页。

[12] 同上书，第 24 页。

[13] 同上书，第 2、35 页。

[14] 何增科：《市民社会概念的历史演变》，中国论文下载中心，06-01-20。

[15] 哈贝马斯：《公共领域的结构转型》，曹卫东译，学林出版社，1999，第 2 页。

[16] 哈贝马斯：《公共领域》，汪晖译，见汪晖、陈燕谷主编：《文化与公共性》，三联书店，1998，第 125—126 页。

[17] 哈贝马斯：《哈贝马斯精粹》，曹卫东译，南京大学出版社，2004，第 540 页。

[18] 同上。

[19] 沙朗·佐京：《谁的文化？谁的城市？》，见包亚明主编：《后大都市与文化研究》，上海教育出版社，2005，第 113 页。

[20] 高宣扬：《当代法国思想五十年》，中国人民大学出版社，2005，第 137 页。

[21] 哈贝马斯：《哈贝马斯精粹》，曹卫东译，南京大学出版社，2004，第 525 页。

[22] 苏彦豪：《公共与私密的交叠：台湾学术网路空间结构的理论初探》。

[23] 岛子：《后现代艺术美学方法论阐释》，东方视觉，2006-03-08。

[24] 同上。

[25] 转引自河清：《现代与后现代：西方艺术文化小史》，中国美术学院出版社，2004，第 225 页。

[26] 梅格斯：《二十世纪视觉传达设计史》，柴常佩译，湖北美术出版社，1989，第 65 页。

[27] 现代艺术编辑部编：《新艺术哲学》，大卫·史密斯：《雕塑社会的波伊斯》，宋迪译，2002，第 261 页。

[28] 王南溟：《观念之后：艺术与批评》，湖南美术出版社，2006，第 89 页。

[29] 高宣扬：《当代法国思想五十年》，中国人民大学出版社，2005，第 486 页。

[30] 简·雅各布斯：《美国大城市的死与生》，凤凰出版传媒集团、译林出版社，2006，第 343 页。

[31] 高宣扬：《后现代论》，中国人民大学出版社，2005，第 486 页。

[32] 简·雅各布斯：《美国大城市的死与生》，凤凰出版传媒集团、译林出版社，2006，第 344 页。

[33] 王受之：《世界当代艺术史》，中国青年出版社，2005，第 83 页。

[34] 易英：《公共艺术与公共性》，见孙振华、鲁虹主编：《公共艺术在中国》，香港心源美术出版社，2004，第 52—53 页。

[35] 孙振华：《公共艺术的政治学》，见孙振华、鲁虹主编：《公共艺术在中国》，香港心源美术出版社，2004，第 30 页。

[36] 哈贝马斯：《公共领域的结构转型》，曹卫东译，学林出版社，1999，第 3 页。

[37] 孙振华：《公共艺术的政治学》，见孙振华、鲁虹主编：《公共艺术在中国》，香港心源美术出版社，2004，第 30 页。

[38] 转引自吴晨：《城市复兴的理论探索》，载《世界建筑》2002 年第 12 期。

1. 黄义宏 :《西方都市环境环境中户外艺术之研究》，私立东海大学建筑研究所 1989 建筑硕士学位论文。

2. 卡特琳·格鲁 :《艺术介入空间》，广西师范大学出版社，2005。

3. 刘茵茵 :《公众艺术及模式 : 东方与西方》，上海科学技术出版社，2003。

4. 南条史生 :《艺术与城市——独立策展人十五年的轨迹》，潘广宜、蔡青雯译，台湾田园城市，2004。

5. 樋口正一郎 :《世界城市环境雕塑·美国卷》，中国建筑工业出版社，1997。

6. 樋口正一郎 :《世界城市环境雕塑·欧洲卷》，中国建筑工业出版社，1997。

7. 樋口正一郎 :《巴塞罗那的环境艺术》，大连理工大学出版社，2002。

8. 简·雅各布斯 :《美国大城市的死与生》，凤凰出版传媒集团、译林出版社，2006。

9. 刘易斯·芒福德 :《城市发展史——起源、演变和前景》，中国建筑工业出版社，2005。

10. 包亚明主编 :《后大都市与文化研究》，上海教育出版社，2005。

11. 弗兰克·惠特福德 :《包豪斯》，林鹤译，三联书店，2001。

12. 王南溟 :《观念之后 : 艺术与批评》，湖南美术出版社，2006。

13. 爱德华·路希 – 史密斯 :《西方当代美术》，江苏美术出版社，1990。

14. 梅格斯 :《二十世纪视觉传达设计史》，柴常佩译，湖北美术出版社，1989。

15. 岛子 :《后现代主义艺术系谱》，重庆出版社，2007。

16. 乔纳森·费恩博格 :《1940 年以来的艺术》，王椿辰、丁亚雷译，中国人民大学出版社，2006。

17. 王受之 :《世界现代建筑史》，中国建筑工业出版社，1999。

18. 王受之 :《世界当代艺术史》，中国青年出版社，2005。

19.《新艺术哲学》，现代艺术编辑部编辑出版，2002。

20. 福柯、哈贝马斯、布尔迪厄等著 :《激进的美学锋芒》，周宪译，中国人民大学出版社，2003。

21. 高宣扬 :《后现代论》，中国人民大学出版社，2005。

22. 高宣扬 :《当代社会理论》，中国人民大学出版社，2005。

参考书目

23. 高宣扬：《当代法国思想五十年》，中国人民大学出版社，2005。

24. 汪晖、陈燕谷主编：《文化与公共性》，三联书店，1998。

25. 哈贝马斯：《公共领域的结构转型》，曹卫东、王晓钰、刘北城、宋伟杰译，学林出版社，1999。

26. 哈贝马斯：《哈贝马斯精粹》，曹卫东译，南京大学出版社，2004。

27. 哈贝马斯：《交往行为理论》，曹卫东译，世纪出版集团、上海人民出版社，2004。

28. 齐格蒙·鲍曼：《后现代性及其缺憾》、郇建立、李静韬译，学林出版社，2002。

29. 《美国景观》，george lam/pace publishing limited。

30. Harriet F. Senie & Sally Webster 编：《美国公共艺术评价》：远流出版公司，1999。

31. 翁剑青：《公共艺术的观念与取向》，北京大学出版社，2002。

32. 吴玛俐编著：《德国公共空间艺术新方向》，吉林科学技术出版社，2002。

33. 黄健敏：《百分比艺术——美国环境艺术》，吉林科学技术出版社，2002。

34. 黄健敏：《生活中的公共艺术》，吉林科学技术出版社，2002。

35. 黄健敏：《节庆公共艺术嘉年华》，艺术家出版社，2005。

36. 曾启雄：《公共设施与艺术结合的思考》，"行政院文化建设委员会"策划，艺术家出版社印行，1982。

37. 孙振华、鲁虹主编：《公共艺术在中国》，香港心源美术出版社，2004。

38. 邓乐：《开放的雕塑》，湖南美术出版社，2002。

39. 王向荣、林菁：《西方现代景观设计的理论与实践》，中国建筑工业出版社，2002。

40. 唐晓岚编著：《未来城市》，东南大学出版社，2004。

41. 《公共艺术简讯》，2004、2005 年财团法人台北市开放空间文教基金会编。

42. 《艺术家——公共艺术国际研讨会专辑》，艺术家出版社，1998。

43. 孙振华：《公共艺术时代》，江苏美术出版社2003。

44. 琼·柯亨、安德鲁·阿拉托：《市民社会和政治理论》，麻省理工学院出版社，1992。

45. 河清：《现代与后现代》，中国美术学院出版社，1994。

47. 汉娜·阿伦特：《人的条件》，芝加哥大学出版社，1958。

48. 《公共艺术年鉴》，中国台湾文建会，2002、2003、2004。

49. 《美术中的全球化与本地特色——中德当代艺术论坛》，中央美术学院，2006。

50. 《1945 年以来的西方雕塑》（译自《1945 年以来的雕塑》，英国费顿出版公司，1987），原载《世界美术》1991 年第 4 期—1994 年第 1 期。

51. 安德里斯·海森：《回到未来：关于激浪派艺术》，张朝晖译。

52. 《哈贝马斯访谈录》，载《外国文学评论》2000 年第 1 期。

53. 岛子：《后现代艺术美学方法论阐释》，《东方视觉》，2006 年 3 月 8 日。

54. 苏彦豪：《公共与私密的交叠：台湾学术网路空间结构的理论初探》。

后记

早在 20 世纪 60 年代，以战后美国的百分比艺术计划为代表，西方国家就掀起了城市公共艺术的热潮。之后，随着世界各地现代城市的发展，公共艺术热波及世界。20 世纪 80 年代前后，台湾也出现了研究公共艺术的热潮，经过多年的推动，于 1992 年通过了公共艺术百分比立法《文化艺术奖助条例》。相比而言，中国内地的公共艺术发展则起步较晚。

20 世纪 80 年代末，伴着中国改革开放的深入发展，中国迎来公共艺术的导入期，而 90 年代中期以来，随着城市化步伐的加快，中国社会进入转型期，人们的环境意识和消费意识提高，带来了对生活质量的新需求，公共艺术作为美化城市的手段受到越来越多的关注。进入 21 世纪，公共艺术更是成为广为论道的热门话题。

然而当代公共艺术概念与范围也许很难描述，因为从范围上讲，它涉及大众生活的各个方面并可改造城市整体视觉系统。从目的上讲，它涉及公众群体乃至于整个社会，它可能是最贴近生活本身的艺术形式。它的复杂性还在于它是源自各自不同的文化，并由特定的文化环境产生不同特点的艺术式样。

在世界范围来看，几乎所有的发达国家都注重城市文化艺术环境建设，它直接影响着一个国家的文化形象，当我们来到巴黎、柏林、巴塞罗那、鹿特丹、西雅图、芝加哥等城市，都会为它们那既有地域精神又有现代美感的都市风貌所感动。卓越的城市公共艺术已成为社会文明程度、社会发达程度的标志之一，是一个城市与城市文化的艺术名片。

在迈入 21 世纪的今天，人们终于醒悟，在地球上，文化、生活各异的不同民族发展表现自身特征的文化，并以此营造自己的"城市之美"，并不仅仅是作为国家发展战略来满足国家和城市的文化竞争力的需求，更重要的是满足各自城市居民的行为需求，使艺术化的生存方式成为城市生活的一部分。

本书的写作动机源于笔者 2001 年在中央美术学院创建公共艺术工作室，几年来一直关注公共艺术的发展，逐一走访了欧、美、日及中国台湾等地，进行公共艺术考察，积累了丰富的一手资料。2005 年受建设部委托进行公共艺术百分比政策投资课题的研究，则成为本书成形的契机。虽然已拥有丰富的资料，但资料的分析整理确是一个繁杂的工作。在这里，我要感谢我的课题组成员，他们做了大量艰辛的工作。感谢刘静、刘宁、李坤仪、朱鸣做了大量的资料翻译和资料整理分析工作，感谢我的学生肖丹、林晓杰、贺敏将很多的录音整理成文字。

感谢中央美术学院城市设计学院的卓凡老师对本书提供的帮助，特别要感谢我的研究生武华安在北京的酷暑下整理撰写了大量的文字，为本书的成形做了很多重要工作。

感谢来自中国台湾的郭少宗、颜铭宏先生，他们为本书提供了大量的资料，并为中央美术学院的学生们带来新的知识视野。

感谢我在美国的朋友 John Young，他是西雅图华盛顿大学的教授，也是西雅图公共艺术委员会的成员，为本书提供了新的视角。感谢我的朋友、诗人云浩先生为本书提出了很多建议。感谢我在美国和欧洲的朋友张万新先生、周翊先生、高赛先生、May Lim、Michael Spano 夫妇……感谢北京大学出版社谭燕编辑为本书的出版所付出的努力，感谢关心和帮助我们的所有朋友，限于篇幅，我不能一一列出他们的名字。

最后，感谢我的夫人杨慧声，伴我考察欧美数十个城市，充当我的翻译并安排我的生活，感谢她所付出的一切。

本书实际上是一个阶段性成果，很多其他的工作限制了写作的时间，使得本书想涉及的范围未能尽言；同时由于时间和条件的限制，书中的错误在所难免，很多结论也仅是一家之言，希望广大读者批评指正。

王中 2007 年 7 月于北京望京东园

国外当代公共艺术的观念和实践早已超越了单纯的艺术领域，而与政治、经济、文化、城市形象有着密不可分的联系。在中国，公共艺术也在很大程度上与城市化转型的最新需求不谋而合，是一个值得深入研究的课题。

本书的修订正是基于此，增补了国内外关于公共艺术的最新研究和实践成果。在国外部分，重点增加了澳大利亚和韩国的公共艺术建设内容。尤其是澳大利亚，将公共艺术与"创新国家"的建设联系起来，并结合文化、自然、历史、社会、经济等元素，形成了一套完善的公共艺术体系和可持续的跨文化经济生态系统。其中，悉尼成为"艺术融入城市的典范"，致力于通过艺术和文化的繁荣来使悉尼成为"一个真正伟大的城市"；墨尔本直接将艺术纳入城市规划体系，致力于建造一个多元、创新、宜居的品牌城市。韩国则提出"艺术创造 文化国家"的主张，以文化艺术的振兴来带动文化环境的改善，提升市民的生活空间品质，促进文化产业的发展。

在中国部分，重点增加了北京地铁部分站厅、郑州1904公园和上海世博轴等案例，借此探讨中国城市公共艺术从"艺术装点空间"到"艺术营造空间"再到"艺术激活空间"的转型过程。这些案例的创作理念与国际当代公共艺术的创作理念同步，对处在转型期的中国城市文化建设具有一定的借鉴价值。

总体而言，国内外的城市公共艺术正彰显着浓烈的时代魅力，成为植入公共生活土壤中的"种子"、城市新经济和新生活方式的催化剂。

王中

2014年5月30日

《公共艺术概论》教学课件申请表

尊敬的老师：

您好！我们制作了与《公共艺术概论》一书配套使用的教学课件光盘，以方便您的教学。在您确认将本书作为指定教材后，请您填好以下表格（可复印），并盖上系办公室的公章，回寄给我们，或者拍照后发送到我们的邮箱pku_ty@qq.com，我们将免费向您提供该书的教学课件光盘。我们愿以真诚的服务回报您对北京大学出版社的关心和支持！

您的姓名				
系			院/校	
您所讲授的课程名称				
每学期学生人数	人	年级	学时	
课程的类型	□ 全校公选课　　□ 院系专业必修课 □其他			
您目前采用的教材	作者　　　　书名 出版社			
您准备何时采用此书授课				
您的联系地址				
邮政编码				
您的电话（必填）				
E-mail（必填）				
目前主要教学专业、 科研方向（必填）				
您对本书的建议		系办公室 盖　章		

我们的联系方式：

北京市海淀区成府路205号北京大学出版社文史哲事业部 谭燕
邮编：100871　电话：010-62752022 传真：010-62556201
邮箱：pku_ty@qq.com　　QQ：2208238803
网址：http://www.pup